R. LEWIS

# El Maravilloso Universo
# de la Ciencia y la Naturaleza

EDITORIAL
**VERBUM**

© Editorial Verbum, S. L., 2026
© R. Lewis, 2026

Tr.ª Sierra de Gata, 5
La Poveda (Arganda del Rey)
28500 - Madrid
Teléf.: (+34) 910 46 54 33
e-mail: info@editorialverbum.es

I.S.B.N.: 978-84-1136-879-7
Depósito Legal: M-2383-2026

https://editorialverbum.es
Preimpresión: Adrians Esquivel Romero
*Printed in Spain* / Impreso en España

Este libro ha sido impreso con papel ecológico procedente de bosques sostenibles.

# Contenido

# Introducción: El Maravilloso Mundo de la Ciencia

¿Te imaginas poder resolver los misterios más increíbles del universo? Pues, sorpresa: ¡tienes ese poder! Se llama *curiosidad*, y es el superpoder más importante de todos. Gracias a la curiosidad, la humanidad ha descubierto cosas alucinantes: desde por qué el cielo es azul hasta cómo lanzar cohetes al espacio.

Déjame contarte un secreto: todos nacemos científicos. Sí, sí, aunque no lleves una bata blanca o gafas gigantes. Cada vez que preguntas "¿por qué?" o "¿cómo?" estás usando el mismo motor que ha impulsado los descubrimientos más grandes de la historia. Así que, ¿preparado para aprender cómo se descubren las cosas más fascinantes de nuestro mundo? ¡Comencemos esta emocionante aventura!

## ¿Qué es la ciencia? ¡Es tu súper lupa mágica!

La ciencia es como una lupa gigante que te permite ver todo con más detalle y descubrir lo que el ojo humano a simple vista no puede percibir. Imagina que un día te encuentras una piedra extraña en el suelo. Si eres curioso (y claro que lo eres), te preguntarás: "¿De dónde salió? ¿Por qué tiene esos colores? ¿Estará viva?" ¡Eso es ciencia! No hace falta ser adulto o ir a la universidad para hacer preguntas interesantes ni para buscar respuestas. De hecho, algunos de los científicos más famosos comenzaron a ser curiosos desde pequeños.

¿Quieres un ejemplo? Vamos a viajar un poco en el tiempo, a una época en la que un joven llamado **Isaac Newton** estaba tumbado bajo un manzano (o eso dicen) cuando... ¡zas! Una manzana le cayó en la cabeza. En lugar de gritar "¡auch!" y seguir con su día, Newton empezó a preguntarse: "¿Por qué las cosas siempre caen hacia abajo y no hacia arriba?". Gracias a esa elemental pregunta, descubrió la *gravedad.* Así es, esa misma fuerza que hace que no salgamos volando por el espacio. ¡Increíble, ¿no?!

Pero Newton no fue el único. Sigamos con **Marie Curie**, una mujer valiente que, mientras los demás jugaban con muñecas o coches en miniatura, ella prefería entretenerse con algo más emocionante: ¡elementos radiactivos! Marie descubrió que algunos materiales brillan en la oscuridad, pero no como una lámpara, sino de una forma mágica y peligrosa a la vez. Sus descubrimientos fueron tan importantes que ganó no uno, sino ¡dos Premios Nobel! Todo gracias a su insaciable curiosidad.

## Curiosidad: el motor de los descubrimientos

La curiosidad no solo ha ayudado a científicos famosos, también está contigo cada día. ¿Alguna vez te has preguntado por qué el helado se derrite tan rápido en verano o por qué las nubes flotan? Pues, felicidades, has estado usando tu curiosidad científica sin darte cuenta.

Uno de los mejores ejemplos de curiosidad es el célebre científico **Albert Einstein**. Este genio no fue muy buen estudiante cuando era niño, pero eso no lo detuvo. Einstein siempre andaba pensando en cosas extrañas, como: "¿Qué pasaría si pudiera viajar a la velocidad de la luz?". Su pregunta parecía imposible de responder, pero ¡bingo!, terminó cambiando la manera en que entendemos el universo. Es decir, ¡gracias a su curiosidad, ahora sabemos que el tiempo y el espacio no funcionan como pensábamos!

Así que la próxima vez que te digan "¡deja de hacer tantas preguntas!", responde con una sonrisa: "Estoy entrenando mi superpoder de la ciencia". Porque la curiosidad es como un músculo, cuanto más la usas, más fuerte se vuelve.

## ¿Cómo funciona la ciencia?

La ciencia no es solo hacer preguntas, también es investigar y experimentar para encontrar respuestas. Imagina que estás tratando de entender por qué tu perro siempre corre en círculos cuando está emocionado. ¿Qué haría un científico? Observaría a su perro, haría preguntas ("¿será porque está feliz? ¿O quizá porque vio algo?") y luego probaría diferentes cosas: jugar con él, darle una pelota, ¡o incluso observarlo mientras no le haces caso!

Al final, con todas esas pistas, descubrirías el misterio del perro loco por los círculos. ¡Y eso es ciencia en acción!

## ¿Sabías que...?

Aquí vienen algunas curiosidades para alimentar tu superpoder de la ciencia:

- **Los gatos y la física:** ¿Alguna vez has visto a un gato caer? ¡Siempre caen de pie! Eso es porque tienen un reflejo increíble llamado "de endereza-miento aéreo". Los científicos lo estudiaron y descubrieron que los gatos son unos verdaderos ninjas de la física, ¡pueden girar su cuerpo en el aire para aterrizar con las patas!

- **Los misterios del agua:** ¿Sabías que el agua es una de las pocas sustancias que puede existir en tres estados diferentes (sólido, líquido y gas) al mis-mo tiempo? Cuando calientas el agua, puede convertirse en vapor, y si la enfrías, en hielo. ¡Es como un mago que cambia de forma!

## Un reto para ti: haz tu propio experimento

¡Ahora es tu turno de ser un verdadero científico! Vamos a hacer un experimento en casa que te ayudará a entender cómo funciona la ciencia. No necesitas mucho, solo:

1. Un vaso.
2. Agua.
3. Un hielo (¡congélalo antes!).
4. Un poco de sal.

Primero, llena el vaso con agua y pon el hielo flotando en él. Luego, echa un poco de sal sobre el hielo. Observa lo que ocurre. ¡Sorpresa! El hielo comenzará a derretirse más rápido de lo normal. ¿Por qué? Porque la sal reduce el pun-to de congelación del agua, y hace que el hielo se derrita. Este mismo principio se usa para despejar carreteras llenas de nieve en invierno. ¡La ciencia está en todas partes!

Así que, querido lector, ahora que conoces el secreto del superpoder de la curiosidad, no dejes de usarlo. Pregunta todo lo que se te ocurra, experimenta y nunca dejes de sorprenderte. Porque, al final, el mundo está lleno de misterios esperando a ser resueltos. ¡Y quién sabe, tal vez tú seas el próximo en descubrir algo increíble!

# Capítulo 1: El Espacio, la Última Frontera

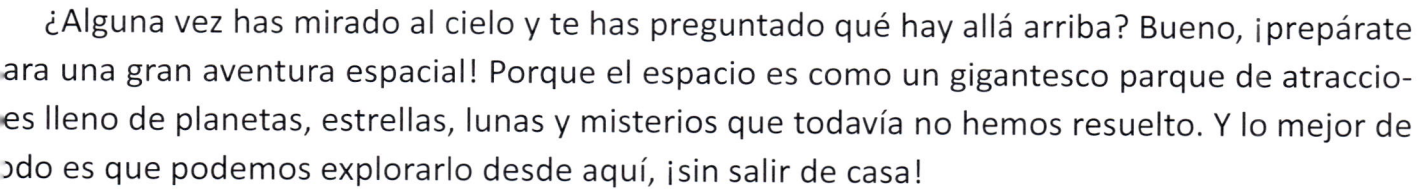

¿Alguna vez has mirado al cielo y te has preguntado qué hay allá arriba? Bueno, ¡prepárate para una gran aventura espacial! Porque el espacio es como un gigantesco parque de atracciones lleno de planetas, estrellas, lunas y misterios que todavía no hemos resuelto. Y lo mejor de todo es que podemos explorarlo desde aquí, ¡sin salir de casa!

En este capítulo, vamos a descubrir cómo empezó nuestro universo, conoceremos los planetas de nuestro sistema solar, algunos secretos sobre la Luna y Marte, y, como un bonus especial, aprenderás a construir tu propio sistema solar en casa. ¡Comencemos la misión estelar!

## ¿Cómo empezó todo? El Big Bang

¿Sabías que todo lo que ves, desde las estrellas hasta los planetas, incluso tú y yo, viene de una explosión gigantesca que ocurrió hace miles de millones de años? Sí, ¡el universo entero empezó con una gran explosión llamada el *Big Bang*! Imagina que todo lo que existe estaba comprimido en una pelota pequeñísima, más pequeña que la punta de un alfiler. Y de repente… ¡BOOM! Esa pelota explotó y empezó a expandirse, formando galaxias, estrellas y planetas. Es como si el universo hubiese estado dormido dentro de un huevo minúsculo y, de pronto, alguien lo despertara con fuegos artificiales.

Desde ese momento, todo empezó a moverse y a tomar forma. Y sí, ese mismo Big Bang es la razón por la que hoy existen planetas como la Tierra, donde vivimos, o Júpiter, que es tan grande que podría tragarse a más de mil planetas como el nuestro. ¡Increíble, verdad!

## Los planetas de nuestro sistema solar

Ahora que ya sabemos cómo comenzó todo, vamos a hacer un recorrido por los vecinos más famosos de nuestra galaxia: los planetas del sistema solar. ¡Prepárate para conocerlos!

1. **Mercurio**: Es el más cercano al Sol, lo que lo convierte en una especie de tostadora espacial. Hace tanto calor que si fueras allí te derretirías en segundos. Y lo más curioso es que, aunque esté tan cerca del Sol, Mercurio tiene lugares que permanecen congelados. ¡Vaya locura!

2. **Venus**: Este planeta es el gemelo malvado de la Tierra. Aunque tiene un tamaño parecido al nuestro, su atmósfera es tan venenosa que es como estar dentro de una nube de ácido. Y para colmo, hace tanto calor que las temperaturas pueden llegar a los 465°C. ¡Eso es más caliente que un horno!

3. **Tierra**: ¡Aquí estamos! El único planeta del sistema solar donde sabemos que hay vida. Tiene la mezcla perfecta de agua, aire y distancia al Sol para ser un lugar donde crecen plantas, viven animales y, por supuesto, tú puedes leer este libro.

4. **Marte**: Conocido como el Planeta Rojo, Marte ha sido el escenario de muchas películas y teorías locas sobre extraterrestres. Aunque por ahora no hemos encontrado marcianos, Marte sigue siendo un misterio. Los científicos creen que alguna vez tuvo agua, ¡lo que significa que tal vez hubo vida allí!

5. **Júpiter**: El gigante del sistema solar. Si la Tierra fuera del tamaño de una canica, Júpiter sería una pelota de playa. Es tan grande que podría tener más de mil tierras dentro de él. Además, tiene una tormenta gigante llamada la Gran Mancha Roja, que es como un huracán que lleva siglos dando vueltas sin parar.

6. **Saturno**: Este es el planeta con los anillos más famosos del universo. Están hechos de hielo, polvo y rocas que giran alrededor de él como si fueran los aros de un malabarista. ¡Son preciosos!

7. **Urano**: Urano es un poco raro. Es el único planeta que gira de lado, como si estuviera echado en la cama. Y lo más curioso es que es de color azul verdoso por los gases que tiene en su atmósfera.

8. **Neptuno**: El planeta más lejano y también uno de los más misteriosos. Aunque está tan lejos que casi no le llega luz solar,

Neptuno tiene los vientos más rápidos. Si te subieras a una nave, ¡serías lanzado a más de 2.000 km/h por sus vientos!

Y, bueno, hay un pequeño detalle más: **Plutón**, que solía ser el noveno planeta, pero los científicos decidieron que era muy pequeño para seguir siendo parte del grupo de los grandes. Ahora lo llamamos *planeta enano*. Aun así, Plutón sigue siendo un lugar fascinante.

## Curiosidades de la Luna

Ahora vamos a hacer zoom en uno de los cuerpos celestes más populares: **la Luna**. ¿Sabías que la Luna es el único lugar fuera de la Tierra donde los humanos han puesto un pie? En 1969, los astronautas del Apolo 11 llegaron allí y dejaron huellas que todavía siguen intactas, ¡porque en la Luna no hay viento para borrarlas!

## La vida de los astronautas en el espacio

Ahora, hablemos de los verdaderos héroes de esta historia: **los astronautas**. ¿Alguna vez te has preguntado cómo sería vivir en el espacio? Para empezar, los astronautas flotan todo el tiempo porque no hay gravedad como en la Tierra. ¡Imagina intentar cepillarte los dientes o comer con los alimentos flotando a tu alrededor!

Tienen que hacer todo de una forma diferente. Por ejemplo, duermen en sacos pegados a la pared para no salir volando, y su comida viene en paquetes especiales que parecen comida de bebé, en forma de papilla o puré. Pero lo más asombroso es que, desde la Estación Espacial Internacional, los astronautas pueden ver 16 amaneceres en un solo día. ¡Qué vistas más impresionantes!

#  Experimento: Construye tu propio sistema solar

¿Listo para poner a prueba tus habilidades espaciales? ¡Vamos a construir nuestro propio sistema solar! Solo necesitas algunos materiales fáciles de encontrar en casa:

- Bolas de poliestireno o plastilina de diferentes tamaños (para los planetas).
- Pintura o rotuladores para colorear.
- Un palo de brocheta o hilo (para colgar los planetas).
- Un cartón o bandeja (para la base).

## Instrucciones:

1. Pinta cada bola o trozo de plastilina de un color diferente para representar los planetas. Recuerda: Mercurio es gris, Venus es amarillo, la Tierra es azul y verde, Marte es rojo, Júpiter es marrón con bandas, Saturno es amarillo pálido con anillos, Urano es azul verdoso y Neptuno es azul oscuro.

2. Coloca las bolas en el orden correcto del Sol: primero Mercurio, luego Venus, la Tierra, Marte, Júpiter, Saturno, Urano y finalmente Neptuno. ¡No te olvides de los anillos de Saturno!

3. Usa los palitos o hilos para colgar los planetas desde una base de cartón o bandeja, creando tu propio sistema solar en miniatura.

Y ahí lo tienes: ¡tu propio rincón del universo!

# Capítulo 2: Increíbles Fuerzas de la Naturaleza

La Tierra es un lugar sorprendente, y no solo porque esté llena de vida sino porque también está llena de fuerzas poderosas que pueden cambiar el mundo en un instante. ¡Hoy vamos a conocer a los gigantes de fuego, los terremotos que hacen bailar al suelo y los vientos más fuertes del planeta! Y, por supuesto, como a ti te gusta experimentar, terminaremos creando nuestro propio volcán en casa. ¿Listo para esta aventura llena de acción?

## Los volcanes: gigantes de fuego

Imagínate una montaña tranquila, de esas que parecen que no hacen nada más que estar ahí... hasta que, de repente, ¡BOOM! La montaña se despierta y empieza a lanzar fuego, cenizas y lava por todos lados. Eso es lo que llamamos un volcán en erupción.

Los **volcanes** son como chimeneas que conectan el interior de la Tierra con el exterior. Dentro de nuestro planeta, hay una sustancia llamada **magma**, que es roca derretida. Cuando el magma encuentra una salida a través de la superficie, se convierte en **lava**, y ¡ese es el espectáculo! La lava puede fluir como un río rojo y caliente, destruyendo todo a su paso, pero también puede crear nuevas tierras. Es como si nuestro planeta estuviera cocinando y, de vez en cuando, sacara una pizza de fuego.

13

 **Un dato curioso:** El volcán más grande de la Tierra se llama Mauna Loa, y está en Hawái. Pero eso no es nada comparado con el Olimpo Mons, un volcán que está en Marte y que es ¡tres veces más alto que el Monte Everest! Así que si alguna vez piensas que nuestros volcanes son grandes, ¡espera a ver los de otros planetas!

## Terremotos y tsunamis: cuando la Tierra tiembla

A veces, la Tierra decide que ya ha estado demasiado tiempo quieta y ¡pum!, comienza a temblar. Esto sucede por culpa de los **terremotos**, que son como sacudidas gigantes bajo nuestros pies. Pero, ¿qué los causa? La corteza terrestre (la parte sólida en la que vivimos) está formada por grandes piezas llamadas **placas tectónicas**. Estas placas se mueven muy lentamente, como si estuvieran flotando sobre una sopa caliente de magma. Pero a veces chocan entre sí, y cuando lo hacen, ¡la Tierra tiembla!

Cuando un terremoto ocurre cerca del océano, puede provocar otro fenómeno impresionante (y aterra- dor): los **tsunamis**. Un tsunami e una ola gigante que se forma cuando el suelo del océano se sacude. Esa ola puede viajar a velo cidades increíbles y cuando llega a la costa puede arrasar con todo. ¡Es como si el mar decidier de repente invadir la playa!

 **Dato curioso:** El terremoto más fuerte jamás registrado ocurrió en Chile en 1960. Fue tan poderoso que causó un tsunami que viajó por todo el océano Pacífico, ¡llegando hasta Hawái y Japón! Eso sí que es un viaje largo...

## Huracanes y tornados: los vientos más potentes

¿Te imaginas estar en medio de una tormenta con vientos tan fuertes que podrían levantar un coche del suelo? ¡Eso es lo que sucede con los **huracanes** y los **tornados**!

Los huracanes son tormentas gigantes que se forman sobre el océano cuando el agua está muy caliente. Tienen vientos que giran en círculos, como si estuvieran haciendo

n torbellino. En el centro del huracán está el *ojo,* un lugar sorprendentemente tranquilo en
medio del caos. Pero no te engañes, porque a su alrededor, los vientos pueden ser tan fuertes
que arrancan árboles, techos y todo lo que encuentran a su paso.

Los tornados, en cambio, son más pequeños que los huracanes, pero mucho más rápidos.
Se forman en tormentas eléctricas cuando el aire caliente y el frío se mezclan súbitamente. Los
tornados giran tan rápido que parecen sacacorchos gigantes que tocan el suelo y todo lo que
encuentran lo lanzan por los aires. ¡Es como si la naturaleza estuviera jugando a los trompos,
pero de una forma muy peligrosa!

**Dato curioso:** El tornado más rápido jamás registrado alcanzó vientos de más de 480 kilómetros por hora. ¡Eso es más rápido que muchos coches de carrera!

## Experimento: Crea un volcán en casa

¿Quieres ser testigo de la erupción de un volcán sin salir de casa? Pues vamos a construir
uno. Aquí te explico cómo hacerlo con algunos materiales que seguramente tienes en casa.

## Materiales:

- Un vaso o botella pequeña
- Bicarbonato de sodio
- Vinagre
- Jabón líquido
- Colorante alimenticio rojo (para que parezca lava)
- Plastilina o arcilla (para hacer la forma del volcán)

## Instrucciones:

1. **Haz el volcán**: Coge la plastilina o arcilla y moldéala alrededor del vaso o botella pequeña para que parezca una montaña con un cráter en el centro. Deja el agujero de la botella abierto, ¡ese será el cráter de tu volcán!

2. **Prepara la erupción**: Dentro del vaso o botella, coloca dos cucharadas de bicarbonato de sodio. Luego, añade unas gotas de colorante alimenticio rojo y un poco de jabón líquido (esto hará que la "lava" sea más espumosa).

3. **El momento explosivo**: Ahora, viene lo divertido. Vierte el vinagre en el cráter del volcán y... ¡BOOM! Verás cómo tu volcán entra en erupción, con la lava burbujeante saliendo del cráter.

¿Qué está pasando aquí? Cuando el vinagre (un ácido) y el bicarbonato (una base) se mezclan, producen una reacción química que libera dióxido de carbono, creando burbujas y espuma. ¡Es como una mini explosión de gases, similar a lo que sucede en un volcán real, pero mucho más seguro!

## Conclusión: La Tierra, llena de sorpresas

Las fuerzas de la naturaleza son impresionantes. Desde volcanes que escupen fuego hasta terremotos que hacen temblar el suelo bajo nuestros pies, vivimos en un planeta lleno de energía. Pero lo mejor de todo es que, aunque estas fuerzas son poderosas, podemos estudiarlas, entenderlas y, de alguna manera, aprender a convivir con ellas.

Así que la próxima vez que veas una montaña tranquila o escuches sobre un huracán en las noticias, ya sabrás que el mundo está lleno de fuerzas que, aunque parecen indomables, ¡nos enseñan lo increíble que es nuestro planeta!

# Capítulo 3: El Mundo Microscópico

Imagina un mundo donde todo lo que existe es tan pequeño que no podemos verlo a simple vista. Un universo lleno de criaturas invisibles que viven en nuestro cuerpo, en el aire, en el agua y casi en todos lados. Suena un poco como una película de ciencia ficción, ¿verdad? Pues no, ¡ese mundo es real! Y hoy vamos a explorarlo.

Este es el mundo microscópico, donde habitan **células**, **bacterias** y **virus**, los seres más diminutos del planeta. Aunque no puedas verlos, están por todas partes, y sin ellos la vida en la Tierra sería muy diferente.

## Las células: los ladrillos de la vida

Empecemos por el principio: ¿qué es una célula? Pues, para entenderlo, imagina que tu cuerpo es como una gran ciudad. Esa ciudad está hecha de millones y millones de ladrillos, ¿verdad? Bueno, esos ladrillos serían las **células**. Cada parte de tu cuerpo, desde la piel hasta el corazón, está formado por células. De hecho, tú, yo, tu perro y hasta las plantas y los insectos, todos estamos hechos de células.

Las células son también como pequeños laboratorios donde ocurren muchas cosas importantes. Por ejemplo, producen energía, eliminan desechos, y hasta se dividen para hacer más células. ¡Es como si cada célula fuera un pequeño trabajador que nunca deja de hacer su tarea!

 **Dato curioso:** El cuerpo humano tiene aproximadamente 37 billones de células. Eso es más que todas las estrellas de nuestra galaxia. ¡Impresionante!

## Bacterias y virus: los habitantes invisibles

Si las células son los ladrillos de la vida, entonces las **bacterias** y los **virus** son los inquilinos invisibles de este mundo microscópico. Aunque suene un poco aterrador, la verdad es que convivimos con ellos todo el tiempo. Eso sí, no todos son malos, ¡al contrario! Muchas bacterias son nuestras aliadas y nos ayudan a mantenernos sanos.

**Las bacterias** son organismos diminutos que pueden vivir en casi cualquier lugar: en el aire, en el agua, en tu piel y dentro de tu cuerpo. Algunas bacterias nos ayudan a digerir la comida en nuestro estómago, otras descomponen cosas muertas en la naturaleza, y hay algunas que incluso producen alimentos como el yogur.

Pero, claro, no todas las bacterias son buenas. Hay

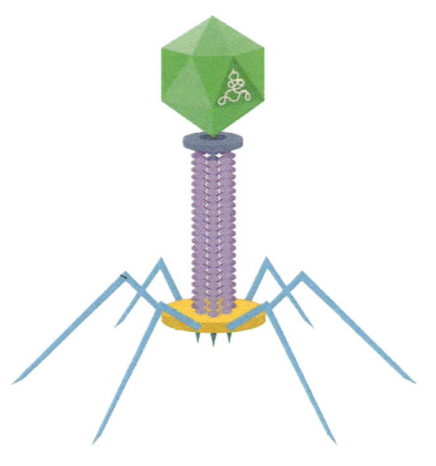

algunas que causan enfermedades, como cuando te resfrías o tienes una infección. Por eso, es importante lavarse las manos y mantener una buena higiene.

**Los virus**, por otro lado, son aún más pequeños que las bacterias. Resultan tan diminutos que, para verlos, necesitaríamos un microscopio súper potente. Los virus no pueden vivir por sí mismos: necesitan invadir las células de otros seres vivos para reproducirse. Algunos virus son responsables de enfermedades como la gripe o la varicela, y aunque son pequeñísimos, pueden causar grandes problemas.

 **Dato curioso:** Aunque los virus no son técnicamente seres vivos, han existido durante millones de años. De hecho, ¡hay más virus en la Tierra que constelaciones y galaxias en el universo!

# El papel de los microbios en nuestro cuerpo

¿Sabías que tu cuerpo está lleno de **microbios**? Sí, ¡estás cubierto de ellos! Pero antes de que te asustes, déjame decirte algo importante: no todos los microbios son malos. De hecho, muchos microbios son fundamentales para que vivamos sanos y felices.

Uno de los lugares donde los microbios trabajan más duro es en tu **intestino**. Allí viven millones de bacterias buenas que te ayudan a digerir los alimentos, producir vitaminas y mantener tu sistema inmunológico fuerte. ¡Es como si llevaras un ejército de mini ayudantes contigo todo el tiempo!

Este conjunto de microbios que vive en nuestro cuerpo se llama **microbioma**. Aunque no podemos verlos, son esenciales para que todo funcione correctamente. Además, hay estudios que demuestran que tener un microbioma saludable puede hacerte sentir mejor, tener más energía y hasta mejorar tu estado de ánimo.

**Dato curioso:** En tu cuerpo hay más bacterias que células humanas. ¡Somos como pequeñas naves espaciales llenas de pasajeros microscópicos!

## Experimento: Observa el mundo invisible con un microscopio casero

Ahora que ya conoces un poco más sobre este mundo invisible, ¿qué tal si intentamos verlo por nosotros mismos? Vamos a construir un sencillo microscopio casero para observar algunas cosas increíbles que normalmente no podrías ver.

## Materiales:

- Un teléfono móvil con cámara
- Un pequeño trozo de vidrio o plástico transparente (puede ser de una lupa pequeña)
- Un poco de cinta adhesiva
- Gotas de agua
- Algo pequeño para observar (una hoja, un pedazo de cebolla, o una gota de agua sucia)

## Instrucciones:

1. **Crea la lente**: Coloca el trozo de vidrio o plástico transparente sobre la cámara de tmóvil y fíjalo con cinta adhesiva. Esta será tu lente improvisada.

2. **Prepara la muestra**: Si tienes una hoja o un trozo de cebolla, colócalo sobre una superficie plana. Si decides observar una gota de agua, simplemente pon una gota sobre eplástico transparente.

3. **Observa el mundo microscópico**: Ahora, enciende la cámara de tu móvil y acércate lentamente a la muestra que deseas observar. ¡Con tu nueva lente casera, deberías podever los pequeños detalles como nunca antes!

## Conclusión: El mundo invisible que nos rodea

Aunque no podamos verlos a simple vista, los microbios, las células y los virus están por todas partes. Son además fundamentales para la vida en la Tierra, y cumplen muchas funciones
desde ayudarnos a digerir los alimentos hasta causar enfermedades. Lo más sorprendente eque, al observar estos seres diminutos, estamos aprendiendo cada vez más sobre cómo funcina nuestro cuerpo y el mundo que nos rodea.

Así que la próxima vez que te laves las manos o comas una cucharada de yogur, ¡piensa etodos esos pequeños ayudantes que trabajan duro para mantenerte sano!

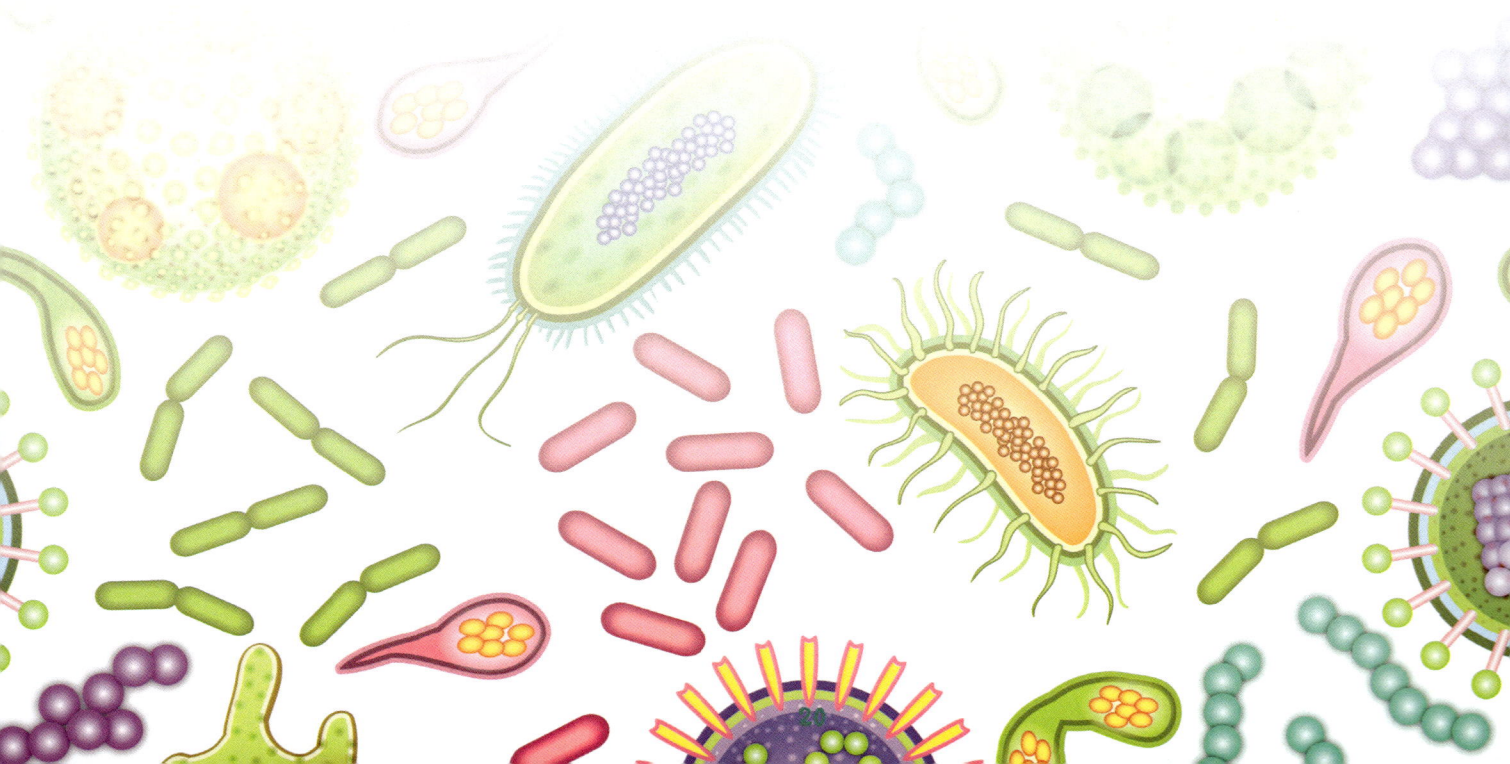

# Capítulo 4: Inventos y Descubrimientos que Cambiaron el Mundo

Desde que el ser humano se preguntó por primera vez cómo encender fuego, el mundo ha cambiado de maneras inimaginables. Vivimos en una época en la que podemos encender una luz con solo tocar un interruptor, volar a través de los continentes y comunicarnos con personas al otro lado del planeta en segundos. Pero todo esto no siempre fue así. Para llegar a donde estamos hoy, se necesitaron siglos de ingenio, experimentación y, sobre todo, curiosidad.

En este capítulo, vamos a explorar algunos de los inventos más importantes que han transformado nuestras vidas y descubrir cómo la creatividad y la ciencia han moldeado el mundo que conocemos.

## La electricidad: del rayo a la bombilla

Hubo una época en la que encender una vela al anochecer era lo más avanzado en iluminación. La gente se iba a dormir cuando se ponía el sol, porque no había manera de seguir con sus actividades en la oscuridad. Pero todo eso cambió cuando se descubrió el poder de la electricidad.

Esta gran revolución comenzó con un rayo. Sí, un simple rayo. Los antiguos griegos ya conocían un tipo de electricidad estática, que ocurría cuando frotaban ámbar y notaban que podía atraer objetos ligeros. Pero fue en el siglo XVIII cuando **Benjamín Franklin**, un curioso científico estadounidense, decidió investigar más a fondo. Franklin hizo uno de los experimentos más peligrosos de la historia: voló una **cometa en medio de una tormenta eléctrica**. Al hacerlo, comprobó que los rayos eran, de hecho, electricidad natural.

Este descubrimiento fue solo el principio. Años más tarde, científicos como **Michael Faraday** y **James Clerk Maxwell** comenzaron a entender mejor cómo funcionaba la electricidad. Faraday inventó el **dinamo**, un dispositivo que generaba electricidad al mover un imán dentro de una bobina. Fue un avance monumental que permitió que la electricidad pudiera ser producida de manera controlada.

Y luego llegó **Thomas Edison**. Aunque muchos científicos estaban estudiando la electricidad, Edison fue quien logró hacerla práctica para el día a día. Su invento más famoso, la bombilla incandescente, cambió el mundo. En 1879, después de muchos intentos fallidos, Edison consiguió que su bombilla funcionara durante 40 horas seguidas. La electricidad se convirtió en algo que podía iluminar hogares, calles y ciudades enteras. ¡Ya no más noches oscuras!

*Nikola Tesla*

Pero la historia de la electricidad no terminó ahí. Entra en escena otro genio: **Nikola Tesla**. Tesla y Edison eran rivales en lo que se conoció como la "guerra de las corrientes". Edison defendía el uso de la **corriente continua** (CC), que era más segura para distancias cortas, mientras que Tesla promovía la **corriente alterna** (CA), que permitía transportar electricidad a largas distancias de manera eficiente. Al final, la corriente alterna de Tesla ganó, y hoy es la que usamos en nuestros hogares.

**Dato curioso:** Aunque Tesla y Edison tenían puntos de vista diferentes, ambos son considerados pilares fundamentales en la historia de la electricidad. Sin sus ideas y su competencia, la luz eléctrica tal vez hubiera tardado mucho más en iluminar nuestras vidas.

## Los grandes inventores: Edison, Tesla y más

Cuando pensamos en inventores, nos vienen a la mente nombres como **Thomas Edison** o **Nikola Tesla**, pero la verdad es que la historia está llena de genios que, con sus ideas, cambiaron el curso de la humanidad. Detrás de cada gran invento hay una mente curiosa que no se conformó con el "no se puede".

**Thomas Edison**, por ejemplo, no solo inventó la bombilla. A lo largo de su vida, patentó más de mil inventos, incluyendo el fonógrafo (precursor del tocadiscos) y la cámara de cine. Edison era conocido por su perseverancia. Fracasaba una y otra vez, pero nunca se rendía. D

*Benjamin Franklin*

hecho, cuando le preguntaron sobre los miles de intentos fallidos antes de inventar la bombilla, respondió: "No fracasé, solo descubrí 10.000 maneras en las que no funcionaba".

**Nikola Tesla**, por otro lado, tenía una mente mucho más futurista. Sus ideas parecían salidas de un libro de ciencia ficción. Tesla no solo trabajó en la corriente alterna, también soñaba con transmitir electricidad de manera inalámbrica. De hecho, construyó una torre gigante llamada Torre Wardenclyffe con la esperanza de enviar electricidad a cualquier parte del mundo sin cables. Aunque este proyecto no tuvo éxito en su tiempo, hoy en día estamos más cerca que nunca de hacer realidad algunos de sus sueños, como la transmisión de energía sin cables.

Además de Edison y Tesla, la historia está llena de inventores que transformaron la vida tal como la conocemos:

- **Alexander Graham Bell**: ¿Alguna vez te has preguntado cómo se inventó el teléfono? Fue Bell quien en 1876 hizo la primera llamada telefónica. Y no fue una conversación emocionante: solo dijo "Mr. Watson, ven aquí, quiero verte". Pero ese simple mensaje fue el comienzo de una revolución en la comunicación que nos ha llevado a los smartphones de hoy.

- **Los hermanos Wright**: En 1903, **Orville y Wilbur Wright** lograron lo que parecía imposible: volar. Su avión, llamado el **Flyer**, fue el primer aeroplano controlado que despegó, voló y aterrizó con éxito. Aunque solo estuvo en el aire 12 segundos en su primer vuelo, esos segundos cambiaron el mundo. Gracias a su ingenio, hoy podemos volar de un continente a otro en pocas horas.

- **Marie Curie**: La primera mujer en ganar un Premio Nobel (¡y la única en ganarlo dos veces!), Curie descubrió los elementos **radio** y **polonio**. Sus investigaciones sobre la radiactividad no solo abrieron nuevas puertas en la ciencia, sino que también fueron fundamentales para los avances en la medicina, especialmente en el tratamiento del cáncer.

# Los robots y la inteligencia artificial: El futuro que ya está aquí

Hoy en día, vivimos en un mundo en el que los robots no solo son una realidad, sino que están en todas partes. Los **robots** comenzaron como simples máquinas que hacían tareas repetitivas, pero gracias a los avances en la **inteligencia artificial (IA)**, ahora pueden hacer mucho más que ensamblar coches o aspirar el suelo. Los robots actuales pueden aprender, adaptarse y hasta tomar decisiones.

Uno de los primeros robots modernos fue el **Unimate**, creado en 1954. Este robot trabajaba en una fábrica de coches y era capaz de mover y soldar partes y piezas de los coches con más rapidez y efectividad que los humanos. Pero la cosa no se quedó ahí. A medida que la tecnología avanzó, los robots se volvieron más inteligentes y versátiles.

Hoy, la inteligencia artificial permite a los robots hacer cosas impensables hace solo una décadas. Pueden aprender de sus errores, reconocer voces, traducir idiomas y hasta ganarle a los humanos en juegos complejos como el ajedrez. El robot **Deep Blue** de IBM hizo historia en 1997 cuando venció al campeón mundial de ajedrez **Garry Kasparov**. Y más recientemente, la IA **AlphaGo** de Google logró vencer a los mejores jugadores humanos del juego Go, uno de los más difíciles del mundo.

**Dato curioso:** La inteligencia artificial no solo se limita a robots físicos. Cada vez que usas tu móvil para buscar algo en internet, cuando hablas con asistentes virtuales como Siri o Alexa, o cuando Netflix te recomienda una película, ¡estás interactuando con inteligencia artificial!

## Proyecto: Crea tu propio robot

¿Listo para convertirte en un inventor y construir tu propio robot? Aunque no vamos a construir un robot que hable o te haga la comida (todavía), podemos hacer uno muy simple que se mueva por sí solo.

## Materiales:

- Un motor pequeño (puedes sacarlo de un juguete viejo).
- Dos cables.
- Una pila AA.
- Un interruptor (opcional).
- Un cepillo de dientes viejo (para las patas del robot).
- Cinta adhesiva.

## Instrucciones:

1. **Crea la base del robot**: Corta el mango del cepillo de dientes, dejando solo la parte con las cerdas. Esta será la base de tu robot.
2. **Conecta el motor**: Fija el motor con cinta adhesiva a la parte superior del cepillo de dientes, de manera que las cerdas queden hacia abajo. Esto hará que tu robot se mueva cuando el motor vibre.
3. **Conecta la pila**: Usa los cables para conectar la pila al motor. Si tienes un interruptor, colócalo entre los cables para poder encender y apagar el robot cuando quieras.
4. **¡Ponlo en marcha!**: Cuando conectes todo correctamente, el motor vibrará y tu robot comenzará a moverse por la mesa, ¡gracias a las cerdas del cepillo de dientes!

## Conclusión: La creatividad que cambia el mundo

Los inventos y descubrimientos que han cambiado el mundo no vinieron de personas espe-ales con superpoderes, sino de individuos curiosos que no se conformaron con las respuestas ue ya existían. Edison, Tesla, Curie, los hermanos Wright y muchos más eran personas que mplemente querían resolver problemas o hacer la vida un poco más fácil (o más divertida). Así ue, ¿quién sabe? Tal vez el próximo gran invento salga de tu cabeza.

Porque, al final, la ciencia y la tecnología no son más que el resultado de la creatividad en cción. ¡Así que sigue soñando, sigue experimentando y nunca dejes de preguntarte cómo pue-es cambiar el mundo! Quizás seas tú quien construya una máquina del tiempo o una máquina ue nos permita teletransportarnos de un sitio a otro del universo...

# Capítulo 5:
# Los Misterios del Cuerpo Humano

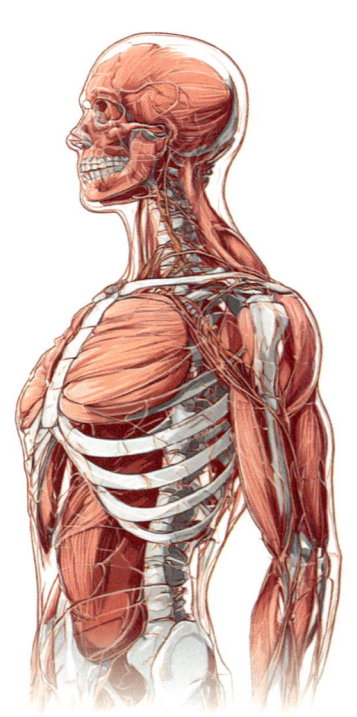

Nuestro cuerpo es una de las máquinas más increíbles que existen. Aunque no lo parezca, estamos llenos de pequeños misterios que trabajan todo el día para mantenernos vivos. Cada órgano, cada célula, cada función es un engranaje más en esta gran máquina que es el cuerpo humano y que funciona mejor que el reloj más preciso del mundo.

En este capítulo, vamos a descubrir algunos de los secretos mejor guardados de nuestro cuerpo: desde cómo funciona el cerebro hasta el latido incansable de nuestro corazón. ¡Prepárate para conocer lo que pasa dentro de ti!

## El cerebro: el control maestro

Imagina un ordenador más potente que cualquier computadora del mundo, capaz de procesar información, resolver problemas y crear pensamientos complejos. Pues ese ordenador está dentro de tu cabeza, y lo conocemos como **el cerebro**.

El cerebro ejerce el "control maestro" de tu cuerpo. Cada vez que mueves un dedo, que hablas, que piensas o incluso cuando sueñas, es tu cerebro quien está haciendo todo el trabajo. Con más de **100.000 millones de neuronas** (que son como pequeños mensajeros) el cerebro envía señales por todo tu cuerpo a una velocidad increíble. Y aunque solo pesa alrededor de 1.5 kilos, ¡consume el 20% de toda la energía que usamos!

 **Dato curioso:** El cerebro nunca se apaga. Incluso cuando duermes, sigue trabajando, procesando información y organizando lo que aprendiste durante el día. ¡Por eso es tan importante dormir bien!

**¿Sabías que...?** A lo largo de tu vida, tu cerebro generará más de 1.000 billones de conexiones neuronales. ¡Eso es más conexiones que estrellas hay en la Vía Láctea!

## ¿Cómo funcionan los cinco sentidos?

Los seres humanos tenemos cinco sentidos principales: **la vista, el oído, el olfato, el gusto y el tacto**. Estos sentidos son como antenas que capturan información del mundo exterior y la envían al cerebro para que la procese.

- **La vista**: Nuestros ojos funcionan como cámaras. Recogen la luz y las imágenes del exterior y las envían al cerebro, donde se transforman en las imágenes que vemos. Por eso, cuando cierras los ojos, todo se vuelve oscuro: ¡no hay luz que captar!

- **El oído**: ¿Sabías que tus oídos no solo te ayudan a escuchar, sino también a mantener el equilibrio? Dentro de tus oídos hay pequeños huesos y líquido que detectan los movimientos de tu cabeza. ¡Son como sensores de movimiento incorporados!

- **El olfato**: Cuando hueles algo, como el delicioso aroma de una pizza recién hecha, pequeñas partículas del aire entran en tu nariz y llegan a tu *bulbo olfativo*, que está en el cerebro. Allí se traduce el olor y lo reconoces. ¡Por eso es tan fácil identificar aromas familiares!

- **El gusto**: Tus papilas gustativas, que están en la lengua, son las responsables de que puedas disfrutar el dulce sabor de un helado o el picante de una salsa. Hay diferentes tipos de papilas para detectar lo dulce, lo salado, lo ácido y lo amargo. ¡Todo un laboratorio de sabores en tu boca!

- **El tacto**: Este es quizás el más amplio de todos los sentidos, porque lo sentimos con la piel, que está por todo nuestro cuerpo. Nos ayuda a percibir la temperatura, la textura y hasta el dolor. ¡Imagina cuántas sensaciones pasan por nuestra piel cada día!

 **Dato curioso:** Los perros tienen un sentido del olfato unas 40 veces más potente que el nuestro, ¡por eso pueden detectar cosas que nosotros ni siquiera percibimos!

## El corazón y la sangre: la maquinaria interna

¿Alguna vez has escuchado el latido de tu corazón? Si te colocas la mano en el pecho o escuchas con un estetoscopio, puedes sentir cómo late sin parar. El corazón es, literalmente, la bomba que nos mantiene vivos, y late unas 100.000 veces al día.

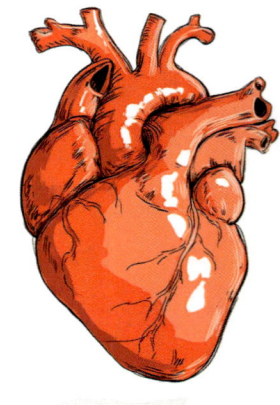

Tu corazón tiene el trabajo de bombear la sangre por todo tu cuerpo. La sangre transporta oxígeno y nutrientes a cada una de tus células, permitiendo que todo funcione correctamente. Piensa en tu cuerpo como una ciudad: la sangre es como los camiones que llevan alimentos y oxígeno a todas las casas (células), y el corazón es la estación central desde donde salen todos esos camiones.

El corazón está dividido en cuatro cámaras: dos aurículas y dos ventrículos. Cada vez que late, las aurículas y los ventrículos se contraen para empujar la sangre por el cuerpo. Es un proceso continuo que comienza cuando naces y no se detiene hasta el final de tu vida.

 **Dato curioso:** Aunque el corazón nunca deja de latir, su ritmo puede cambiar dependiendo de lo que estés haciendo. Cuando duermes, late más despacio, y cuando corres o te emocionas, late más rápido para bombear más sangre y oxígeno a tus músculos.

## Curiosidades sobre el ADN y la genética

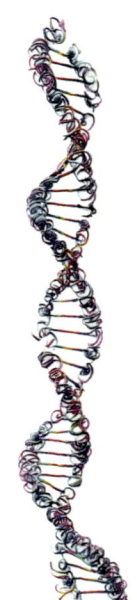

Ahora vamos a hablar de algo que te hace completamente único: tu ADN. El ADN es como un manual de instrucciones que está en cada una de las células de tu cuerpo. Este "manual" contiene toda la información sobre cómo eres: el color de tus ojos, tu estatura, e incluso algunas de tus habilidades.

El ADN está compuesto de genes, que son pequeños fragmentos que codifican nuestras características. Por ejemplo, si tus padres tienen los ojos marrones, es probable que tú también los tengas, porque lo heredaste de ellos. Cada ser humano tiene alrededor de 20.000 genes, pero lo sorprendente es que com artimos el 99,9% del ADN con todas las personas del mundo. ¡Solo el 0,1% es lo que nos hace iferentes!

El **genoma humano** es el conjunto completo de ADN de una persona, y si pudiéramos estirar odo el ADN que tienes en tu cuerpo, ¡llegaría hasta Plutón y volvería varias veces!

**Dato curioso:** Compartimos el 60% de nuestro ADN con los plátanos. ¡Así es! Aunque suene raro, todos los seres vivos están relacionados de alguna forma en el árbol de la vida.

## Experimento: Haz un modelo del corazón que late

¿Te gustaría ver cómo funciona tu corazón? Vamos a construir un modelo casero para simu-ar cómo late y bombea sangre. ¡Es más sencillo de lo que piensas!

## Materiales:

- Un globo
- Una botella de plástico vacía (de agua o refresco)
- Dos pajitas (canulillas)
- Un poco de plastilina o arcilla
- Agua

## Instrucciones:

1. **Prepara el "corazón"**: Llena la botella hasta la mitad con agua. Luego, corta el globo por la mitad y usa la parte inferior (la que inflas) para cubrir la boca de la botella. Esto simulará el bombeo del corazón.

2. **Añade las "arterias"**: Haz dos agujeros pequeños en la parte superior del globo, e inserta una pajita en cada agujero. Usa la plastilina o arcilla para sellar alrededor de las pajitas, de manera que no se escape el aire.

3. **Simula el latido**: Presiona suavemente el globo hacia abajo y observa cómo el agua sale por las pajitas. Esto es lo que hace tu corazón cada vez que late: empuja la sangre (en este caso, agua) a través de las arterias para que llegue a todo tu cuerpo.

¡Ahora tienes tu propio modelo de un corazón que bombea! Cada vez que lo presionas, e como si tuvieras un latido, igual que tu corazón cuando envía sangre por todo tu cuerpo.

## Conclusión: El cuerpo humano, una maravilla de la naturaleza

Nuestro cuerpo es una máquina sorprendente y compleja que trabaja sin parar para qu podamos vivir y disfrutar de la vida. Desde el cerebro, que controla todo lo que hacemos, hast el corazón, que bombea sangre sin descanso, cada parte de nosotros es vital. Y aunque a vece no lo pensemos, dentro de cada uno de nosotros hay un universo entero de células, órganos procesos que colaboran para mantenernos en pie.

Así que, la próxima vez que escuches tu corazón latir o sientas el aroma de una delicios comida, recuerda que todo esto es gracias a los increíbles misterios del cuerpo humano.

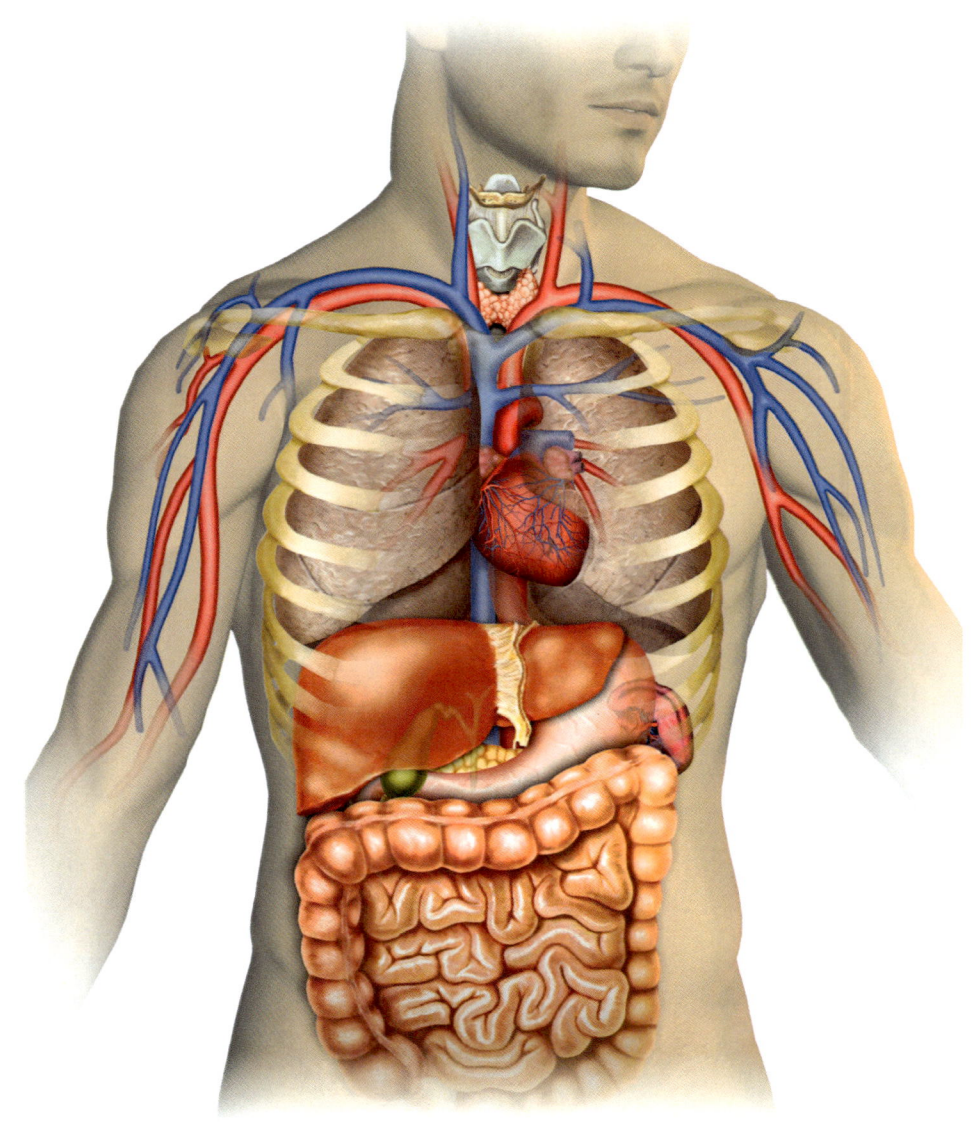

# Capítulo 6: Maravillas del Reino Animal

El reino animal está lleno de criaturas asombrosas que viven en cada rincón del planeta, desde los animales más veloces que corren como el viento, hasta los más pequeños que apenas podemos ver. Los animales no solo nos sorprenden con sus habilidades, sino también con sus formas de comunicarse y sobrevivir en la naturaleza.

En este capítulo, vamos a explorar a algunos de los animales más impresionantes, aprender curiosidades sobre los insectos y descubrir cómo algunos hablan entre sí de maneras que te sorprenderán. Además, al final haremos una actividad divertida para ayudar a los pequeños habitantes del jardín.

## Los animales más rápidos, grandes y pequeños del mundo

El reino animal está lleno de récords, ¡y hoy vamos a conocer a algunos campeones de la naturaleza!

- **El más rápido en tierra**: Si hablamos de velocidad, el ganador es el **guepardo**. Este felino puede correr a velocidades de hasta **110 kilómetros por hora**. Para que te hagas una idea, ¡eso es más rápido que un coche en la ciudad!

- **El más rápido en el aire**: Si crees que el guepardo es rápido, espera a conocer al **halcón peregrino**. Esta ave es un verdadero misil viviente, capaz de alcanzar los **320 kilómetros por hora** en picada. Usa esa velocidad para cazar a sus presas desde lo alto del cielo. ¡Es como un superhéroe alado!

- **El animal más grande**: Aquí no hay competencia, el más grande es la **ballena azul**. Con un peso de más de 180 toneladas y una longitud de hasta 30 metros, es el animal más grande que ha existido en la Tierra. Su lengua pesa tanto como un elefante, ¡y su corazón es del tamaño de un coche!

- **El animal más pequeño**: A veces, lo pequeño también es poderoso. El **colibrí o zunzuncito**, que vive en Cuba, es el pájaro más pequeño del mundo. Mide solo 5 centímetros y pesa menos que una moneda, pero sus alas baten a una velocidad increíble de hasta 80 veces por segundo. ¡Imagínate mover los brazos tan rápido!

**Dato curioso:** Si comparáramos al ser humano con un guepardo, ¡nuestros músculos tendrían que ser 15 veces más fuertes para poder correr tan rápido!

## Curiosidades del mundo de los insectos

Si crees que los insectos son pequeños e insignificantes, ¡piénsalo de nuevo! El mundo de los insectos es uno de los más fascinantes y complejos de la naturaleza. Aunque son diminutos, muchos de ellos tienen habilidades extraordinarias.

- **Las hormigas levantadoras de pesas**: Las hormigas pueden parecer frágiles, pero son verdaderas campeonas de fuerza. Algunas especies de hormigas pueden levantar objetos que pesan hasta 50 veces su propio peso. ¡Es como si un humano pudiera levantar a un oso polar!

- **Las abejas matemáticas**: Las abejas no solo producen miel; también son expertas en matemáticas. Cuando las abejas buscan néctar, siempre eligen el camino más corto entre las flores, lo que se conoce como el "problema del viajero". De alguna manera, resuelven problemas que a veces son difíciles incluso para las modernas computadoras.

- **Las libélulas cazadoras**: Las libélulas son cazadoras aéreas. Son capaces de atrapar a su presa en pleno vuelo con una precisión increíble, y lo mejor de todo es que su visión es tan buena que pueden ver en todas direcciones al mismo tiempo. ¡Nunca se les escapa una presa!

- **Las termitas constructoras**: Si crees que los humanos somos buenos constructores, ¡espera a conocer a las termitas! Estos insectos son capaces de edificar termiteros gigantes que pueden llegar a medir hasta 8 metros de altura. Y lo más interesante es que tienen sistemas de ventilación natural para mantener el interior fresco.

 **Dato curioso:** Los insectos son tan numerosos que por cada persona en el planeta, hay aproximadamente 200 millones. ¡Es un mundo entero que nunca vemos del todo!

## La comunicación secreta de los animales

Los animales tienen sus propios lenguajes, y aunque no hablen como nosotros, tienen formas increíbles de comunicarse. Desde el uso de sonidos hasta señales visuales y químicas, los animales pueden hablar entre ellos de maneras muy sorprendentes.

- **El lenguaje de los delfines**: Los delfines son famosos por ser animales muy inteligentes, y su forma de comunicarse es increíblemente compleja. Emiten una serie de sonidos y clics que no solo les permiten comunicarse entre ellos, sino que también les sirven para localizar objetos bajo el agua mediante ecolocalización. Es como si tuvieran un sonar natural.

- **El baile de las abejas**: Cuando una abeja encuentra flores llenas de néctar, no solo vuelve a la colmena, sino que también realiza un "baile" especial para indicar a sus compañeras dónde está el néctar. Dependiendo de la dirección y la duración del baile, las otras abejas saben exactamente hacia dónde volar para encontrar las flores. ¡Es una danza con mapa incluido!

- **El canto de las ballenas**: Las ballenas jorobadas son famosas por sus "canciones", largos y complejos sonidos que pueden durar hasta 30 minutos. Lo más asombroso es que esas canciones pueden viajar miles de kilómetros a través del agua, permitiendo que las ballenas se comuniquen a grandes distancias.

- **El lenguaje químico de las hormigas**: Las hormigas tienen un sistema de comunicación basado en químicos llamados feromonas. Cuando una hormiga encuentra comida, deja un rastro de feromonas que las demás hormigas pueden seguir hasta el tesoro. Es como si dejaran migas de pan invisibles que solo ellas pueden oler.

**Dato curioso:** Algunos animales, como los camaleones, cambian de color no solo para camuflarse, sino también para comunicarse. El color de su piel puede indicar si están enfadados, relajados o buscando pareja.

## Actividad: Construye un hotel para insectos en tu jardín

Los insectos son esenciales para el equilibrio de la naturaleza. Nos ayudan a polinizar plantas, descomponer materia orgánica y controlar plagas. Un hotel para insectos es una excelente manera de darles un lugar seguro donde refugiarse, especialmente en las zonas urbanas. ¡Y además es divertido construirlo!

## Materiales:

- Una caja de madera o una maceta de cerámica grande.
- Pajitas, piñas de pino, ramitas, ladrillos con agujeros o cañas de bambú.
- Hojas secas y pequeñas piedras.
- Cuerda o ganchos (si quieres colgarlo).

## Instrucciones:

1. **Elige un lugar**: Busca un sitio en el jardín donde puedas colocar o colgar el hotel para insectos. Puede estar en el suelo, en una pared o colgado de una rama, pero asegúrate de que esté en un lugar protegido del viento y la lluvia.

2. **Rellena el hotel**: Dentro de la caja o maceta, coloca las pajitas, ramitas, piñas y piedras. Los insectos usarán estos materiales como refugios. Asegúrate de llenar bien los espacios para que haya muchos lugares donde puedan esconderse.

3. **Personaliza tu hotel**: Si quieres, puedes pintar la caja o maceta de colores divertidos, pero asegúrate de usar pintura ecológica. También puedes añadir una etiqueta con el nombre "Hotel para insectos".

4. **Colócalo en su lugar**: Pon el hotel en su lugar y ¡espera a que lleguen los huéspedes! Con el tiempo, verás cómo diferentes insectos, como mariquitas, abejas solitarias y arañas, encuentran allí su nuevo hogar.

# Conclusión: Un mundo lleno de maravillas

El reino animal está lleno de sorpresas, desde los animales más grandes hasta los más pequeños, cada uno juega un papel fundamental en la naturaleza. Aprender sobre ellos no solo nos ayuda a entender mejor el mundo en el que vivimos, sino que también nos permite ver la belleza y complejidad de la vida en la Tierra. Así que la próxima vez que veas una hormiga cargando una hoja o escuches el canto de un pájaro, recuerda que estás rodeado de maravillas animales en cada rincón.

# Capítulo 7:
# Las Plantas y sus Superpoderes

Las plantas están por todas partes. Están en los bosques, en los jardines, en la escuela e incluso dentro de nuestras casas. Aunque no se mueven ni hablan, tienen poderes increíbles que las hacen esenciales para la vida en la Tierra.

En este capítulo, vamos a descubrir cómo las plantas producen su propio alimento, conoceremos algunas especies sorprendentes que tienen habilidades únicas (¡incluidas las plantas carnívoras!) y entenderemos por qué los árboles son fundamentales para nuestro planeta. Además, te enseñaremos cómo cultivar tu propia planta y observar su crecimiento.

## Fotosíntesis: cómo las plantas crean su propio alimento

Imagínate si pudieras sentarte bajo el sol y, sin moverte ni comer nada, ¡tu cuerpo produjera toda la energía que necesitas para vivir! Bueno, eso e exactamente lo que hacen las plantas gracias a la fotosíntesis. Este proceso es el superpoder de las plantas, porque les permite crear su propio alimen to a partir de la luz del sol.

Aquí te explico cómo funciona:

1. Las plantas capturan la luz del sol usando un pigmento ver de llamado **clorofila**, que se encuentra en sus hojas. Este es e primer paso para crear su "comida".

2. Luego, las plantas absorben **dióxido de carbono** del aire **agua** del suelo.

36

3. Gracias a la magia de la fotosíntesis, las plantas combinan la luz solar, el agua y el dióxido de carbono para producir **glucosa**, que es un tipo de azúcar que usan como alimento para crecer. Como resultado de este proceso, también liberan **oxígeno** al aire. ¡Exactamente el mismo oxígeno que tú y yo respiramos!

Este proceso no solo es genial porque permite que las plantas se alimenten por sí mismas, sino que es vital para todos los seres vivos. Sin la fotosíntesis, no tendríamos oxígeno, ¡y sin oxígeno no podríamos respirar!

**Dato curioso:** Los océanos producen más del 50% del oxígeno del mundo gracias a pequeñas plantas marinas llamadas fitoplancton. Así que, la próxima vez que respires aire fresco, puedes agradecer también a las plantas del fondo del mar.

## Plantas carnívoras y otras especies sorprendentes

¿Sabías que no todas las plantas son tranquilas e inmóviles? Algunas plantas han desarrollado habilidades increíbles para sobrevivir, ¡incluso cazando! Estas son las **plantas carnívoras**, que obtienen nutrientes atrapando y "comiendo" pequeños animales, como insectos.

Una de las plantas carnívoras más famosas es la **Dionea atrapamoscas**. Esta planta tiene hojas en forma de trampa, con pequeños pelitos que actúan como sensores. Cuando un insecto toca estos pelitos, ¡zas!, las hojas se cierran rápidamente y el insecto queda atrapado. La planta libera enzimas que descomponen al insecto y así obtiene los nutrientes que necesita para vivir y desarrollarse más fuerte.

Otra planta asombrosa es la **Nepenthes**, también conocida como planta jarra. Tiene una estructura en forma de jarra llena de líquido. Los insectos, atraídos por el dulce néctar que la planta produce, se deslizan dentro del jarro y no pueden salir debido a las paredes resbaladizas. Luego, el líquido en el interior de la planta se encarga de digerirlos.

Pero las plantas carnívoras no son las únicas con superpoderes. Algunas plantas, como el bambú, crecen a una velocidad increíble. El bambú puede llegar a crecer **más de un metro al día**, lo que lo convierte en una de las plantas de crecimiento más rápido en el mundo.

 **Dato curioso:** La planta más veterana del mundo es el pino longevo (Pinus longaeva). Algunos ejemplares de esta especie tienen más de 4.800 años. ¡Eso significa que ya estaban creciendo cuando las pirámides de Egipto comenzaban a ser construidas!

## La importancia de los árboles para la vida en la Tierra

Los árboles son mucho más que plantas enormes. Son una parte de los pulmones de nuestro planeta y juegan un papel crucial en mantener el equilibrio del medio ambiente. Sin los árboles, la vida tal como la conocemos sería imposible.

- **Productores de oxígeno**: Como ya aprendimos, los árboles producen oxígeno a través de la fotosíntesis. De hecho, un solo árbol puede producir oxígeno suficiente para cuatro personas cada día.

- **Purificadores de aire**: Además de producir oxígeno, los árboles también ayudan a limpiar el aire que respiramos al absorber dióxido de carbono y otros contaminantes, como el ozono y el dióxido de nitrógeno. ¡Es como si los árboles fueran los filtros de aire naturales de nuestro planeta!

- **Reguladores del clima**: Los árboles ayudan a mantener las temperaturas estables al proporcionar sombra y absorber el calor del sol. También juegan un papel fundamental en el ciclo del agua, liberando vapor a la atmósfera y ayudando a formar nubes. Sin los árboles, muchas áreas del planeta Tierra serían mucho más calientes y secas.

- **Hábitat para la biodiversidad**: Los bosques son el hogar de miles de especies de animales, insectos y otras plantas. Al proteger los árboles, también estamos protegiendo a todas esas especies que dependen de ellos para sobrevivir.

 **Dato curioso:** El árbol más alto del mundo es una secuoya llamada Hyperion, que mide más de 115 metros de altura. ¡Es más alto que la Estatua de la Libertad!

## Experimento: Cultiva una planta en casa y observa su crecimiento

¿Te gustaría ver cómo crece una planta desde cero? ¡Es más fácil de lo que crees! Vamos a plantar una semilla y observar cómo crece con el tiempo.

## Materiales:

- Una maceta pequeña o un vaso de plástico.
- Tierra para plantas.
- Semillas (pueden ser de frijol, girasol o cualquier otra planta fácil de cultivar).
- Agua.
- Un lugar soleado.

## Instrucciones:

1. **Llena la maceta con tierra**: Si usas un vaso de plástico, asegúrate de hacerle un pequeño agujero en la base para que el exceso de agua pueda drenar.
2. **Planta la semilla**: Haz un pequeño agujero en la tierra (unos 2-3 centímetros de profundidad) y coloca la semilla dentro. Cúbrela con tierra suavemente.
3. **Riega la semilla**: No necesitas demasiada agua, solo lo suficiente para que la tierra esté húmeda. Asegúrate de que la maceta esté en un lugar donde reciba luz solar directa.
4. **Observa el crecimiento**: En unos pocos días o semanas, verás cómo la semilla comienza a germinar. A medida que la planta crezca, continúa regándola regularmente y asegúrate de que reciba suficiente luz solar.
5. **Lleva un registro**: Puedes llevar un diario de crecimiento, anotando cuántos días tarda en germinar la planta, cuánto crece cada día y cualquier cambio que notes en las hojas o el tallo.

Este experimento te permitirá ver en acción el proceso de crecimiento de una planta, desde una pequeña semilla hasta una más grande. ¡Es increíble ver cómo algo tan pequeño puede convertirse en una planta viva que produce oxígeno y tal vez hasta flores o frutas!

## Conclusión: Las plantas, los héroes silenciosos del planeta

Aunque no se mueven ni hablan, las plantas son los verdaderos héroes de nuestro planeta. Producen el oxígeno que respiramos, regulan el clima, y algunas incluso cazan para alimentarse. Sin ellas, la vida en la Tierra sería imposible. Así que la próxima vez que veas un árbol o una pequeña planta en tu jardín, recuerda que está haciendo mucho más de lo que parece. ¡Y quién sabe, tal vez algún día te conviertas en un experto jardinero o botánico y descubras más sobre estos increíbles seres!

# Capítulo 8:
# El Futuro: Tecnología
# y Ciencia Ficción

El futuro siempre ha sido un lugar lleno de preguntas y posibilidades. A lo largo de la historia, lo que alguna vez parecía imposible o sacado de un libro de Julio Verne o de una película de ciencia ficción se ha convertido en realidad. Los teléfonos móviles parecían cosa del futuro, y hoy los llevamos en el bolsillo.

En este capítulo, vamos a explorar algunas de las tecnologías más emocionantes que están moldeando nuestro porvenir, desde la energía renovable hasta los viajes a Marte, y nos preguntaremos si algún día los robots podrán pensar como nosotros. Al final, tendrás la oportunidad de dejar volar tu imaginación y diseñar tu propia ciudad futurista. ¡Vamos allá!

## El futuro de la energía: renovables y sostenibles

La energía es lo que hace que el mundo funcione. Encendemos las luces, usamos nuestros dispositivos, movemos nuestros coches, todo gracias a la energía. Pero durante mucho tiempo, hemos dependido de fuentes de energía que no son muy amigables con el planeta, como el petróleo o el carbón. Estas fuentes no solo son limitadas, sino que también contaminan el aire y afectan al clima. Entonces ¿qué podemos hacer para asegurarnos de que el futuro tenga energía sin dañar el planeta? La respuesta está en las energías renovables.

Las **energías renovables** son aquellas que nunca se agotan y que no contaminan el medio ambiente. Estas son algunas de las más importantes:

- **Energía solar**: Aprovecha la luz del sol para producir electricidad. Los paneles solares convierten los rayos del sol en energía que puede alimentar nuestras casas y ciudades.

- **Energía eólica**: Usa el viento para generar electricidad. Los molinos de viento modernos, llamados aerogeneradores, capturan la energía del viento y la transforman en electricidad.

- **Energía hidroeléctrica**: Utiliza el agua en movimiento, como ríos o presas, para generar energía.

- **Energía geotérmica**: Aprovecha el calor que proviene del interior de la Tierra para producir electricidad y calor.

Estas fuentes de energía están revolucionando el futuro, haciendo que podamos vivir de manera más sostenible y sin dañar el medio ambiente. Muchos países ya están invirtiendo en estas tecnologías para reducir la dependencia de los combustibles fósiles.

**Dato curioso:** En algunos lugares del mundo, como Dinamarca, la energía eólica produce tanta electricidad que a veces generan más de la que necesitan.

## La impresión 3D y sus aplicaciones

La **impresión 3D** es una de esas tecnologías que parece salida directamente de una película de ciencia ficción. Imagina que, en lugar de comprar algo en una tienda, ¡puedes imprimirlo en tu casa! Aunque suene increíble, hoy en día es una realidad. La impresión 3D permite crear objetos físicos a partir de un diseño digital.

¿Cómo funciona? Una impresora 3D utiliza materiales como plásticos, metales o incluso alimentos, y los deposita capa por capa hasta formar un objeto completo. Es como si estuvieras construyendo algo con piezas de Lego, pero de una manera mucho más avanzada.

La impresión 3D tiene aplicaciones en casi todas las áreas que puedas imaginar:

- **Medicina**: Los científicos están usando impresoras 3D para crear prótesis personalizadas, e incluso están trabajando en la impresión de órganos humanos para trasplantes.

- **Arquitectura**: Algunas empresas están construyendo casas utilizando impresoras 3D gigantes que crean las paredes y estructuras capa por capa.

41

- **Comida**: Sí, ¡puedes imprimir comida! En algunos restaurantes futuristas, ya están usando impresoras 3D para crear platos únicos con formas imposibles de lograr de otra manera.

 **Dato curioso:** En 2014, la NASA imprimió la primera herramienta en el espacio utilizando una impresora 3D. Esto significa que los astronautas podrán crear sus propias herramientas y repuestos en futuras misiones.

## Viajes al espacio: la próxima parada, Marte

Cuando hablamos del futuro, es imposible no pensar en los viajes espaciales. Desde que el ser humano puso un pie en la Luna en 1969, nos hemos preguntado: ¿qué vendrá después? La respuesta parece estar clara: **Marte**.

Marte es el planeta vecino de la Tierra y ha sido objeto de fascinación durante siglos. Aunque es frío, seco y tiene una atmósfera muy diferente a la de nuestra querida Tierra, los científicos creen que algún día los humanos podríamos vivir allí. Actualmente, varias agencias espaciales como la NASA y SpaceX, están trabajando en misiones tripuladas a Marte.

¿Por qué Marte? Bueno, tiene algunas características que lo hacen interesante: hay evidencia de que alguna vez tuvo agua, lo que significa que tal vez hubo vida en el pasado. Además, su día es solo un poco más largo que el de la Tierra, lo que facilitaría la adaptación de los humanos.

Los ingenieros están diseñando **naves espaciales** que podrían llevar a los primeros humanos a Marte, y las pruebas de los vehículos que se usarían en la superficie ya están en marcha. ¿Te imaginas ser uno de los primeros en vivir en otro planeta?

 **Dato curioso:** Un viaje a Marte tardaría entre 6 y 9 meses, dependiendo de la alineación de los planetas. ¡Así que será una travesía larga!

# ¿Podrán los robots pensar como humanos?

Los robots ya están en muchas partes de nuestras vidas, desde fábricas hasta nuestros hogares (¿has visto esos robots que limpian el suelo?). Pero la gran pregunta que todos nos hacemos es: ¿podrán los robots llegar a pensar y actuar como los humanos?

Gracias a la inteligencia artificial (IA), los robots ya están aprendiendo a hacer cosas increíbles. La IA es un sistema que permite a las máquinas aprender de la experiencia, mejorar en lo que hacen y tomar decisiones por sí mismas. Aunque todavía estamos lejos de tener robots que piensen y sientan como nosotros, la ciencia está avanzando rápidamente y el futuro es prometedor.

Los robots ya pueden jugar al ajedrez mejor que los humanos, reconocer caras y voces, y hasta mantener conversaciones básicas. Algunos científicos creen que, en el futuro, los robots podrían ayudarnos en tareas cotidianas, como cocinar o conducir, mientras que otros imaginan que los robots podrían convertirse en compañeros de trabajo o incluso en amigos.

Sin embargo, también hay muchas preguntas éticas sobre cómo deben comportarse los robots y si algún día podrían tener emociones o conciencia. Por ahora, los robots son herramientas útiles, pero el futuro podría traernos sorpresas que ni siquiera podemos imaginar.

 **Dato curioso:** En Japón ya hay robots que trabajan como recepcionistas en hoteles y hospitales, ayudando a las personas con información y tareas simples.

##  Actividad: Diseña tu propia ciudad del futuro

Ahora que hemos aprendido sobre las tecnologías del futuro, ¡es hora de dejar volar tu imaginación! Vamos a diseñar una ciudad del futuro, donde todas estas tecnologías se combinen para crear un lugar increíble para vivir.

## Materiales:

- Papel y lápiz o rotuladores.
- Cartulina (opcional, si quieres hacer una maqueta).
- Recortes de revistas o materiales reciclables (opcional, para hacer un *collage*).

## Instrucciones:

1. **Piensa en cómo sería la ciudad del futuro**: ¿Qué tipo de edificios tendría? ¿Cómo serí· el transporte? ¿Cómo se usaría la energía? Puedes basarte sobre algunas de las tecno· gías que hemos aprendido, como la energía solar, los robots, o los viajes espaciales.
2. **Diseña la ciudad**: Dibuja un plano de la ciudad, incluyendo edificios, parques, carretera· y cualquier otra cosa que creas que sería parte de tu ciudad futurista. No te olvides d· incluir tecnologías avanzadas, como coches voladores o trenes de alta velocidad.
3. **Añade detalles especiales**: Piensa en qué haría única a tu ciudad. ¿Tendrá edificios qu· cambian de forma? ¿Plantas carnívoras que protegen los parques? ¡Deja que tu creati· vidad brille!
4. **Dale un nombre a tu ciudad**: Toda gran ciudad necesita un nombre futurista. ¿Cómo s· llamará tu ciudad del futuro?

## Conclusión: El futuro está en nuestras manos

El futuro está lleno de posibilidades emocionantes, y las tecnologías que hoy parecen cien· cia ficción podrían ser parte de nuestra vida diaria mañana. Desde la energía renovable hast· los viajes espaciales, el futuro nos espera con grandes aventuras. Y lo mejor de todo es que cad· uno de nosotros puede contribuir a construir ese futuro, ya sea diseñando nuevas tecnologías · simplemente imaginando cómo será el mundo en los próximos años.

Así que sigue soñando, sigue aprendiendo y, quién sabe, tal vez algún día tú mismo forme· parte de los inventores, científicos o astronautas que harán realidad las ciudades futuristas y lo· viajes a Marte.

# Capítulo 9: El Clima y la Tierra en Peligro

El planeta Tierra es nuestro hogar, y nos ha dado todo lo que necesitamos para vivir: aire, agua, alimentos y paisajes hermosos. Pero en los últimos años, hemos visto que la Tierra está cambiando. El clima se está volviendo más extremo, algunas especies están desapareciendo y nuestros ecosistemas están en peligro.

En este capítulo, vamos a explorar el cambio climático, la importancia de la biodiversidad y lo que podemos hacer para ayudar a proteger nuestro planeta. Además, te enseñaremos a hacer un proyecto divertido y útil: una compostera casera para reciclar.

## El cambio climático: ¿qué está pasando con nuestro planeta?

Seguramente has escuchado hablar sobre el **cambio climático**. Es un tema que está en todas partes, pero ¿qué significa realmente? El cambio climático se refiere a las modificaciones en el clima de la Tierra a lo largo del tiempo, y en las últimas décadas hemos visto cómo el clima se ha calentado más rápido de lo que debería. Este calentamiento tiene consecuencias graves para nuestro planeta.

Uno de los principales culpables del cambio climático es el **efecto invernadero**. El efecto invernadero no es algo malo en sí mismo; de hecho, sin él, la Tierra sería demasiado fría para vivir. Pero el problema surge cuando **gases de efecto invernadero**, como el **dióxido de carbono ($CO_2$)**, se acumulan en la atmós-

45

fera en grandes cantidades debido a actividades humanas, como quemar combustibles fósile
(petróleo, gas y carbón) y deforestar bosques.

Este exceso de gases atrapa el calor en la atmósfera, haciendo que la temperatura del pla
neta aumente. Como resultado, el clima está cambiando de maneras inesperadas:

- **Aumento de la temperatura global**: Los inviernos son más suaves y los veranos má
  calurosos.
- **Deshielo de los glaciares**: El hielo de los polos se está derritiendo, lo que provoca u
  aumento en el nivel del mar.
- **Eventos climáticos extremos**: Huracanes, tormentas y sequías se están volviendo má
  intensos y frecuentes.

 **Dato curioso:** La última década ha sido la más calurosa desde que se tienen registros. ¡Nuestro planeta se está calentando más rápido de lo que debería!

## La importancia de cuidar la biodiversidad

La **biodiversidad** es la variedad de vida en la Tierra. Incluye todas las plantas, animales y microorganismos, así como los ecosistemas de los que forman parte. Desde los bosques hasta los océanos, cada especie juega un papel crucial en mantener el equilibrio de la naturaleza.

Cuando una especie desaparece, puede afectar a muchas otras. Por ejemplo, si una planta se extingue, los animales que dependen de esa planta para alimentarse también estarán en peligro. Este efecto en cadena se conoce como la "red de la vida".

Uno de los mayores problemas que enfrentamos hoy es la **pérdida de biodiversidad**. Esto ocurre por varias razones, pero las principales son:

- **Deforestación**: Cada vez que talamos un bosque, destruimos el hábitat de miles de especies. Los animales pierden sus hogares y las plantas, que producen oxígeno y nos ayudan a regular el clima, desaparecen.

- **Contaminación**: Los ríos, lagos y mares están llenos de basura y productos químicos que dañan a los animales y plantas que viven allí.
- **Cambio climático**: El aumento de las temperaturas afecta a los hábitats naturales. Algunas especies no pueden adaptarse a los cambios rápidos y, como resultado, desaparecen.

 **Dato curioso:** Se estima que más de un millón de especies de animales y plantas están en peligro de extinción. ¡Por eso es tan importante actuar ahora para proteger la biodiversidad!

## Pequeñas acciones que podemos hacer para salvar el planeta

Puede parecer que los problemas del clima y la biodiversidad son tan grandes que no podemos hacer nada para solucionarlos. ¡Pero no es así! Aunque el cambio climático es un desafío global, hay muchas acciones pequeñas que podemos hacer en casa para ayudar a cuidar el planeta. Estas son algunas ideas:

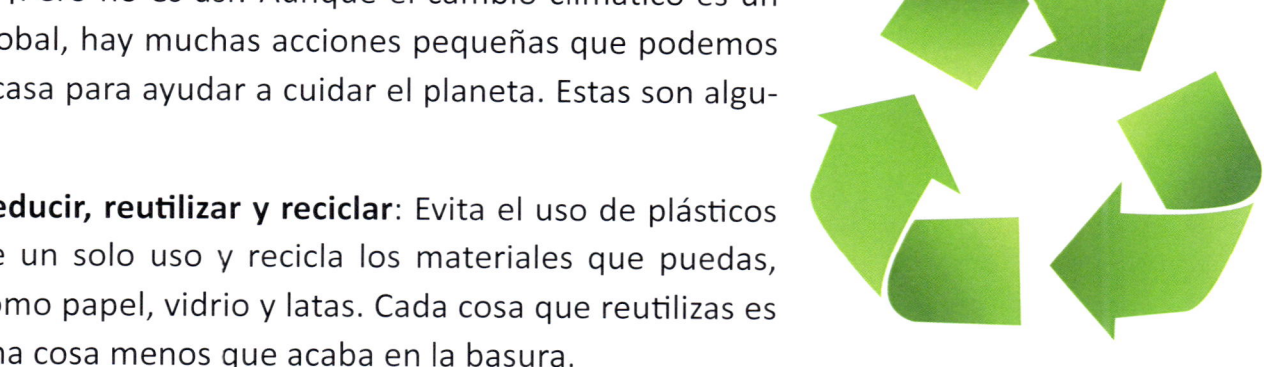

- **Reducir, reutilizar y reciclar**: Evita el uso de plásticos de un solo uso y recicla los materiales que puedas, como papel, vidrio y latas. Cada cosa que reutilizas es una cosa menos que acaba en la basura.
- **Ahorrar energía**: Apaga las luces y los electrodomésticos cuando no los estés usando. También puedes usar bombillas de bajo consumo y reducir el uso de calefacción o aire acondicionado.
- **Usar menos agua**: Cierra el grifo mientras te cepillas los dientes y toma duchas más cortas. El agua es un recurso valioso, y desperdiciarla afecta a todo el planeta.
- **Plantar árboles y plantas**: Los árboles no solo producen oxígeno, sino que también absorben dióxido de carbono y proporcionan sombra y hogar para muchas especies. Si puedes, planta un árbol o un jardín con plantas locales.
- **Usar menos el coche**: Si es posible, camina, usa la bicicleta o el transporte público. Los coches emiten dióxido de carbono, uno de los principales gases responsables del cambio climático.

 **Dato curioso:** Si todas las personas hicieran pequeños cambios en su vida diaria, podríamos reducir significativamente los efectos del cambio climático y la contaminación.

##  Proyecto: Haz una compostera casera para reciclar

El compostaje es una forma fantástica de reciclar los desechos orgánicos (como restos de comida y hojas) y convertirlos en abono natural para las plantas. Al hacer compost, no solo reducimos la cantidad de basura que enviamos a los vertederos, sino que también mejoramos el suelo de nuestro jardín o macetas. ¡Es un ciclo natural de reciclaje!

## Materiales:

- Una caja o cubo de compostaje (puedes comprar uno o hacer uno con una caja de madera o plástico).
- Restos de alimentos (cáscaras de frutas, verduras, posos de café, cáscaras de huevo etc.).
- Hojas secas o papel triturado.
- Agua.
- Un lugar en tu jardín o balcón para colocar la compostera.

## Instrucciones:

1. **Elige un lugar para la compostera**: Busca un lugar donde puedas colocar tu compostera. Puede ser en tu jardín, patio o balcón. Si no tienes espacio, también puedes hacer compost en una maceta grande.
2. **Añade los materiales**: Coloca una capa de restos de comida (como cáscaras de frutas verduras) en el fondo de la compostera. Luego, añade una capa de hojas secas o papel triturado. Alterna entre capas de desechos orgánicos y hojas secas o papel.
3. **Mantén la humedad**: Asegúrate de que la compostera se mantenga húmeda, pero no empapada. Si está muy seca, rocía un poco de agua.
4. **Mezcla de vez en cuando**: Cada pocas semanas, mezcla el compost con una pala o un palo para ayudar a que se descomponga de manera uniforme.

**5. Espera y observa**: En unos pocos meses, tus restos de comida y hojas se convertirán en abono oscuro y rico en nutrientes, perfecto para alimentar tus plantas.

**Consejo**: No añadas carne, lácteos o grasas al compost, ya que pueden atraer plagas y dificultar el proceso.

## Conclusión: El futuro de la Tierra depende de nosotros

Nuestro planeta nos ha dado todo lo que necesitamos para vivir, pero ahora es nuestro turno de devolverle el favor. El cambio climático y la pérdida de biodiversidad son desafíos enormes, pero con pequeñas acciones diarias y un esfuerzo conjunto, podemos marcar la diferencia. Desde reciclar hasta plantar árboles y cuidar nuestros recursos, cada gesto cuenta. Al final, el futuro de la Tierra está en nuestras manos.

Así que la próxima vez que veas un árbol, una flor o un animal en tu entorno, recuerda que todos formamos parte de este gran ecosistema llamado Tierra, ¡y juntos podemos protegerlo!

# Capítulo 10: Grandes Científicos de la Historia

A lo largo de la historia, ha habido personas que, con su curiosidad, dedicación y mente brillante, han cambiado el mundo. Gracias a sus descubrimientos, hoy entendemos mucho mejor cómo funciona el universo, nuestro cuerpo, e incluso los misterios más profundos del espacio.

En este capítulo, conoceremos a algunos de los grandes científicos que dejaron una huella imborrable en la ciencia, y al final, tendrás la oportunidad de investigar sobre un científico que te inspire. ¡Prepárate para un viaje lleno de conocimiento y asombro!

## Marie Curie y la radioactividad

Marie Curie fue una pionera en muchos aspectos. No solo fue la primera mujer en ganar un Premio Nobel, sino que fue la única persona en ganarlo dos veces, en dos áreas diferentes: física y química. Pero su mayor contribución a la ciencia fue el descubrimiento de la **radioactividad**.

A principios del siglo XX, nadie entendía bien qué era la radioactividad. Sin embargo, Marie Curie, junto con su esposo Pierre, se dedicó a estudiar sustancias que emitían una energía misteriosa. Descubrió dos nuevos elementos radiactivos: el **polonio** y el **radio**. Su investigación abrió la puerta a nuevas formas de tratamiento para enfermedades como el cáncer y permitió el desarrollo de la energía nuclear.

Pero, a pesar de su gran éxito, su trabajo no fue fácil. En una época donde las mujeres tenían pocas oportunidades en el campo de la ciencia, Marie Curie tuvo que luchar por ser reconocida. Hoy en día, es una de las científicas más respetadas y admiradas en todo el mundo.

 **Dato curioso:** Debido a su exposición constante a materiales radiactivos, los cuadernos de Marie Curie todavía son tan radiactivos que no pueden ser manipulados sin protección especial.

## Albert Einstein y la relatividad

Cuando piensas en un genio, ¿quién te viene a la mente? Probablemente **Albert Einstein**, con su icónico cabello despeinado y sus fórmulas complicadas. Einstein revolucionó nuestra comprensión del universo con su **teoría de la relatividad**, una de las ideas más importantes y sorprendentes en la historia de la ciencia.

La **relatividad especial** de Einstein dice que el tiempo y el espacio no son absolutos: cambian dependiendo de cómo nos movamos. Esto es lo que lleva a su famosa ecuación $E=mc^2$, que nos dice que la energía y la masa están relacionadas. Pero Einstein no se detuvo allí. En 1915, presentó su **teoría de la relatividad general**, que describe cómo la gravedad no es simplemente una fuerza, sino una curvatura del espacio-tiempo. ¡Es como si el espacio fuera una tela flexible, y los objetos pesados, como los planetas, deforman esa tela!

Gracias a su trabajo, hoy entendemos mucho mejor el universo, desde los agujeros negros hasta la expansión del cosmos. Einstein es, sin duda, una de las figuras más importantes de la historia de la ciencia.

 **Dato curioso:** Cuando Einstein recibió el Premio Nobel en 1921, no fue por su teoría de la relatividad, sino por su explicación del efecto fotoeléctrico, otro de sus importantes descubrimientos que ayudó a sentar las bases de la física cuántica.

## Rosalind Franklin y el ADN

Aunque el **ADN** es algo que todos conocemos hoy en día, en los años 50 del siglo XX era uno de los mayores misterios de la ciencia. ¿Cómo se veía? ¿Cómo funcionaba? Una de las personas que ayudó a resolver este enigma fue la científica británica **Rosalind Franklin**.

Franklin era una experta en cristalografía de rayos X, una técnica que permitía "ver" la estructura de las moléculas. Gracias a su habilidad, logró tomar la famosa **Fotografía 51**, una imagen clave que mostró la estructura en forma de hélice del ADN. Su trabajo fue crucial para que otros científicos, como Watson y Crick, pudieran descifrar el código genético.

Desafortunadamente, Rosalind Franklin no recibió el reconocimiento que merecía durante su vida. Fue solo mucho después de su muerte que el mundo comenzó a valorar su increíble contribución al descubrimiento del ADN, una molécula que contiene toda la información genética de los seres vivos.

 **Dato curioso:** El ADN es como un libro de instrucciones dentro de cada una de nuestras células. Si pudiéramos estirarlo, el ADN de una sola célula sería de casi dos metros de largo.

## Stephen Hawking y los agujeros negros

**Stephen Hawking** es uno de los científicos más brillantes y conocidos del siglo XX. A pesar de haber sido diagnosticado con una enfermedad degenerativa a los 21 años, que lo dejó casi completamente paralizado, Hawking continuó trabajando y haciendo descubrimientos que cambiaron nuestra comprensión del universo.

Hawking es más famoso por su trabajo sobre los **agujeros negros**, esos misteriosos objetos en el espacio que tienen una gravedad tan fuerte que ni siquiera la luz puede escapar de ellos. Sin embargo, él descubrió que los agujeros negros no son completamente "negros", sino que emiten una radiación que ahora llamamos **radiación de Hawking**.

Además de sus importantes descubrimientos, Hawking fue un gran divulgador de la ciencia. A través de sus libros, como *Breve historia del tiempo*, hizo que temas complejos como los agujeros negros y el Big Bang fueran accesibles para personas de todo el mundo.

**Dato curioso:** A pesar de no poder hablar por sí mismo, Stephen Hawking utilizaba un dispositivo especial que le permitía comunicarse mediante movimientos faciales. ¡Y así siguió trabajando y hasta dictado conferencias durante décadas!

## Actividad: Investiga y presenta a un científico que admires

Ahora que conoces a algunos de los científicos más importantes de la historia, ¡es tu turno de investigar!

A continuación, te damos una actividad para que puedas explorar más sobre el mundo de la ciencia y descubrir otros científicos que también hayan dejado su huella en la historia.

## Instrucciones:

1. **Elige a un científico que te inspire**: Puede ser alguien de este libro, o alguien que hayas escuchado en otro lugar. Puede ser un físico, un biólogo, un matemático o incluso un inventor.

2. **Investiga sobre su vida y descubrimientos**: Busca información sobre su vida, sus logros y cómo cambiaron el mundo. Puedes usar libros, internet o documentales.

3. **Crea una presentación**: Puede ser en forma de cartel, un pequeño ensayo o incluso una presentación en PowerPoint. Asegúrate de incluir datos interesantes sobre su vida y trabajo. ¿Qué fue lo que más te llamó la atención de ese científico?

4. **Compártelo con tu clase o familia**: Presenta tu trabajo a tus compañeros de clase o a tu familia, explicando por qué este científico es tan importante para ti.

## Los científicos que cambiaron el mundo

Los científicos que hemos visto en este capítulo, y muchos otros, han transformado nuestra comprensión del mundo y del universo. Gracias a su trabajo, hoy sabemos más sobre la naturaleza de las cosas, desde los átomos hasta los agujeros negros. Y lo mejor de todo es que la ciencia nunca se detiene: cada día, nuevos científicos siguen haciendo descubrimientos que cambian nuestras vidas.

¿Quién sabe? Tal vez tú seas el próximo en hacer un descubrimiento que marque la historia. Porque, al final, todo gran científico comenzó con una pregunta, una chispa de curiosidad y el deseo de entender cómo funciona el mundo.

## ¡Tú Puedes Ser Científico!

Al llegar al final de este libro, espero que hayas descubierto algo importante: la ciencia no es solo para las personas con batas blancas y laboratorios llenos de tubos de ensayo. ¡La ciencia está en todas partes! Y lo mejor de todo es que tú puedes ser parte de ella.

Si te has sentido intrigado por los experimentos, los descubrimientos y las ideas que hemos explorado, ya tienes lo más importante para ser un científico: la **curiosidad**.

En esta conclusión, te daremos algunas ideas sobre cómo seguir alimentando esa curiosidad, proyectos sencillos que puedes hacer en casa y cómo la ciencia está presente en tu vida diaria, incluso cuando no te das cuenta.

## Cómo seguir alimentando la curiosidad científica

La curiosidad es el motor de la ciencia. Todo gran descubrimiento comenzó con una simple pregunta: **¿Por qué?** o **¿Cómo?** Si quieres seguir por el camino de la ciencia, el primer paso es no dejar de hacer preguntas. Aquí tienes algunas formas en las que puedes seguir alimentando tu curiosidad científica:

- **Observa el mundo a tu alrededor**: Cada día está lleno de oportunidades para hacer preguntas. ¿Por qué el cielo es azul? ¿Cómo crecen las plantas? ¿Por qué las estrellas brillan? Cuanto más observas, más preguntas surgen. Y cuanto más preguntas, más aprendes.

- **Lee libros sobre ciencia**: La ciencia es un tema apasionante que abarca todo tipo de temas, desde el espacio hasta los dinosaurios. Existen muchos libros geniales para jóvenes

nes científicos, llenos de curiosidades y explicaciones sencillas. ¡Nunca se sabe lo que puedes descubrir en la próxima página!

- **Visita museos de ciencia**: Si tienes la oportunidad, visitar un museo de ciencia es una excelente forma de aprender mientras te diviertes. Puedes ver experimentos en vivo, aprender sobre el cuerpo humano, el espacio o los fenómenos naturales, y ver inventos sorprendentes.

- **Únete a un club de ciencia**: Muchas escuelas y comunidades tienen clubes de ciencia donde puedes hacer experimentos, aprender con otros niños y participar en proyectos interesantes. ¡Es una gran manera de compartir tu curiosidad con otras personas!

 **Dato curioso:** Isaac Newton, uno de los científicos más famosos de la historia, hizo algunos de sus descubrimientos más importantes observando cosas cotidianas, como una manzana cayendo de un árbol. ¡Tú también puedes hacer grandes descubrimientos observando el mundo a tu alrededor!

## Proyectos sencillos para seguir experimentando en casa

Ahora que has visto cuántas cosas fascinantes puedes aprender con la ciencia, ¿por qué no seguir experimentando en casa?

Aquí tienes algunas ideas para proyectos sencillos que puedes hacer con materiales que probablemente ya tienes:

1. **Cultiva cristales**: Todo lo que necesitas es agua caliente, sal y un hilo. Disuelve tanta sal como puedas en el agua caliente y cuelga un hilo dentro del vaso. A medida que el agua se evapora, los cristales de sal comenzarán a formarse en el hilo. ¡Es como hacer tu propia joyería científica!

2. **Lava volcánica en una botella**: Llena un vaso con aceite y añade un poco de agua con colorante alimentario. Luego, añade un comprimido efervescente (como una pastilla de vitamina C). Las burbujas de gas atraparán el agua coloreada y la harán subir y bajar, creando el efecto de una lámpara de lava.

3. **Hacer una brújula casera**: Toma una aguja y frótala varias veces contra un trozo de seda o lana. Luego, pon la aguja sobre un cor-

cho flotando en un vaso de agua. ¡La aguja se alineará con el norte magnético, igual que una brújula real!

4. **Construye un barómetro casero**: Un barómetro mide la presión del aire, lo que puede ayudarte a predecir el clima. Todo lo que necesitas es un frasco, un globo, una pajita y algo de plastilina. Cubre el frasco con el globo y sella los bordes con plastilina. Luego pega una pajita encima del globo. Cuando la presión del aire cambie, la pajita se moverá, ¡y podrás predecir si viene buen tiempo o lluvia!

**Consejo**: Lleva un diario de tus experimentos. Anota lo que hiciste, lo que observaste y las preguntas que surgieron. De esta manera, estarás siguiendo los pasos de los grandes científicos.

## La ciencia en la vida cotidiana

La ciencia no solo está en los laboratorios o en los libros de texto. Está en todas partes, en tu vida diaria, aunque a veces no te des cuenta.

Aquí tienes algunos ejemplos de cómo la ciencia te rodea cada día:

- **Cocina**: Cada vez que preparas comida, estás haciendo ciencia. La cocina es una mezcla de química, física y biología. Desde hervir agua hasta hornear un pastel, cada paso implica procesos científicos como cambios de estado y reacciones químicas.

- **Tecnología**: Los teléfonos móviles, las computadoras y los videojuegos que usas son el resultado de años de investigación científica. La física y la ingeniería permiten que podamos comunicarnos con personas al otro lado del mundo y jugar videojuegos con gráficos increíbles.

- **Clima**: ¿Te has dado cuenta de cómo cambia el clima cada día? La meteorología, la ciencia que estudia el clima, nos ayuda a entender cómo se forman las nubes, por qué llueve y cómo los vientos afectan a la Tierra.

- **Plantas y animales**: Cuando sales al jardín o al parque, puedes ver la biología en acción. Las plantas que crecen, las aves que vuelan, los insectos que buscan comida, todos siguen reglas científicas de comportamiento, nutrición y supervivencia.

**Dato curioso:** Si alguna vez has visto cómo una flor sigue el sol a lo largo del día, has sido testigo de un fenómeno llamado fototropismo, que es cómo las plantas crecen hacia la luz para absorber la mayor cantidad de energía posible.

# Conclusión

La ciencia no es solo un conjunto de hechos y experimentos. Es una forma de entender el mundo, de hacer preguntas y de buscar respuestas. Lo más emocionante es que nunca deja de crecer. Siempre hay más por descubrir, y quién sabe, tal vez seas tú quien haga el próximo gran descubrimiento.

Recuerda que todo gran científico comenzó siendo curioso. No se necesita ser un genio para hacer ciencia; solo necesitas hacer preguntas, observar con atención y estar dispuesto a aprender. La ciencia está en todas partes, y el futuro de lo que descubramos depende de las personas que sigan explorando, como tú.

Así que, ¿qué esperas? ¡Sal ahí afuera, experimenta, investiga y sé un científico! Porque al final, la curiosidad es el motor que mueve al mundo.

# Anexo: Preguntas Curiosas y Respuestas Sorprendentes

El mundo está lleno de preguntas fascinantes. Algunas parecen muy simples, pero cuando las exploramos más a fondo, descubrimos que la ciencia tiene respuestas asombrosas. En este anexo, responderemos algunas de esas preguntas curiosas que todos nos hemos hecho en algún momento. ¡Prepárate para sorprenderte!

## ¿Por qué el cielo es azul?

El cielo es azul, no porque haya un gran mar flotando sobre nuestras cabezas, sino por un fenómeno que tiene que ver con la **luz** y la **atmósfera**.

La luz del sol parece blanca, pero en realidad está formada por muchos colores: rojo, naranja, amarillo, verde, azul, índigo y violeta, como los colores del arcoíris. Cuando la luz del sol entra en la atmósfera, choca con las **moléculas de aire** y se dispersa. Sin embargo, no todos los colores de la luz se dispersan de la misma manera. Los colores como el rojo o el naranja tienen **longitudes de onda más largas** y atraviesan el aire casi sin cambiar de dirección. Pero el **azul**, que tiene una longitud de onda más corta, es dispersado en todas las direcciones por las moléculas de la atmósfera.

Este efecto se llama **dispersión de Rayleigh**. Debido a que el azul se esparce por todo el cielo, es el color que vemos desde cualquier lugar cuando miramos hacia arriba. ¡Y por eso el cielo es azul!

>  **Dato curioso:** Al atardecer, el sol está más bajo en el horizonte, y la luz tiene que viajar a través de más atmósfera. Esto dispersa más la luz azul, dejando que los colores rojizos y anaranjados dominen el cielo, lo que produce esos hermosos colores al final del día.

## ¿Cuánto pesa una nube?

Aunque parezcan ligeras y esponjosas, las nubes no son tan livianas como parecen. De hecho, ¡las nubes pesan muchísimo! Pero, ¿cómo puede algo tan grande y pesado flotar en el aire?

Primero, debemos entender de qué están hechas las nubes. Una nube está formada por millones de **gotas diminutas de agua** y, a veces, cristales de hielo. Estas gotitas son tan pequeñas que pueden flotar en el aire, suspendidas por las corrientes ascendentes. Pero cuando juntamos todas esas gotitas, la cosa cambia.

La **nube promedio** que ves en el cielo, como un cúmulo esponjoso, puede contener **más de 500 toneladas de agua**. ¡Eso es el equivalente a unos 100 elefantes! Las nubes más grandes, como los **cumulonimbos** (esas grandes nubes de tormenta), pueden llegar a pesar miles de toneladas.

>  **Dato curioso:** Las nubes están formadas por pequeñas gotitas que, al unirse, pesan mucho. Sin embargo, el aire cálido que las rodea y las corrientes ascendentes las mantienen suspendidas, hasta que se vuelven demasiado grandes y caen como lluvia.

## ¿Por qué flotamos en el espacio?

Cuando vemos a los astronautas flotando en el espacio, parece que no hay gravedad. Pero, en realidad, la **gravedad** está presente en todo el universo. Entonces, ¿por qué flotan?

En la Tierra, estamos acostumbrados a sentir la **fuerza de la gravedad**, que nos mantiene pegados al suelo. Esta fuerza nos atrae hacia el centro del planeta. Cuanto más cerca estamos de la Tierra, más fuerte es esa atracción. Sin embargo, en el espacio, aunque la gravedad sigue existiendo, los astronautas y las naves espaciales están en un estado conocido como **caída libre**.

Imagina que estás en un ascensor y, de repente, los cables que lo sostienen se rompen (¡no te preocupes, es solo un ejemplo!). El ascensor y tú comenzarían a caer al mismo tiempo. En ese momento, sentirías que flotas, porque tanto tú como el ascensor estarían cayendo a la misma velocidad. Algo similar ocurre con los astronautas en el espacio: aunque la nave y los astronautas están cayendo hacia la Tierra debido a la gravedad, se mueven tan rápido que nunca llegan a caer. Esto crea la sensación de **ingravidez** o **gravedad cero**.

En realidad, no es que no haya gravedad en el espacio, sino que tanto la nave como los astronautas están cayendo alrededor de la Tierra a una velocidad tan alta que parecen flotar.

**Dato curioso:** La Estación Espacial Internacional viaja a una velocidad de 28,000 kilómetros por hora alrededor de la Tierra. ¡Es tan rápida que completa una vuelta entera al planeta en solo 90 minutos!

## La ciencia está llena de sorpresas

Las respuestas a preguntas aparentemente simples pueden llevarnos a descubrir los secretos más fascinantes de la ciencia. Desde el color del cielo hasta el peso de una nube, todo tiene una explicación que nos ayuda a entender mejor el mundo que nos rodea. Y lo mejor es que siempre hay más preguntas por hacer, más misterios por resolver.

Así que nunca dejes de preguntarte **"¿por qué?"**. La curiosidad es el primer paso para aprender y descubrir cosas nuevas. ¡Sigue explorando, porque el mundo está lleno de sorpresas científicas que esperan ser descubiertas!

# Glosario de Términos Científicos

Este glosario te ayudará a entender algunos de los términos clave que hemos usado a lo largo del libro. Cada uno de estos conceptos es importante para la ciencia, y conocerlos te permitirá comprender mejor los temas científicos que exploramos. ¡Vamos a repasarlos de una manera sencilla!

**ADN (Ácido Desoxirribonucleico):** El ADN es como el "manual de instrucciones" de los seres vivos. Contiene toda la información necesaria para formar un organismo, desde cómo funcionarán sus órganos hasta el color de sus ojos. Está presente en cada célula y es lo que nos hace únicos.

**Agujero Negro:** Un agujero negro es una región del espacio donde la gravedad es tan fuerte que ni siquiera la luz puede escapar de él. Los agujeros negros se forman cuando una estrella muy grande colapsa al final de su vida. Son uno de los fenómenos más misteriosos del universo.

**Atmósfera:** La atmósfera es la capa de gases que rodea un planeta. En la Tierra, la atmósfera nos protege del espacio exterior y nos permite respirar, ya que contiene oxígeno. También ayuda a regular la temperatura del planeta.

**Biodiversidad:** Es la variedad de seres vivos en un lugar, desde animales y plantas hasta microorganismos. La biodiversidad es importante porque cada especie juega un papel en el equilibrio de los ecosistemas. La pérdida de biodiversidad puede afectar la vida en la Tierra.

**Célula:** Las células son las unidades más pequeñas que forman a los seres vivos. Todos los seres vivos, desde una planta hasta los seres humanos, están formados por células. Pueden ser muy simples, como las bacterias, o muy complejas, como las células del cuerpo humano.

**Cristalografía:** Es una técnica utilizada para estudiar la estructura de los cristales. En ciencia se usa para entender cómo están organizadas las moléculas en diferentes sustancias. Gracias a la cristalografía, se pudo descubrir la estructura del ADN.

**Efecto Invernadero:** Es un proceso natural que permite que la Tierra mantenga una temperatura adecuada para la vida. Sin embargo, cuando hay demasiados gases de efecto invernadero (como el dióxido de carbono), se produce un calentamiento excesivo del planeta, lo que causa el cambio climático.

**Energía Renovable:** Es la energía que proviene de fuentes naturales que no se agotan, como el sol, el viento y el agua. A diferencia de los combustibles fósiles, las energías renovables no contaminan el medio ambiente.

**Fotosíntesis:** Es el proceso que utilizan las plantas para convertir la luz del sol, el agua y el dióxido de carbono en alimento (glucosa) y oxígeno. Este proceso es esencial para la vida en la Tierra, ya que produce el oxígeno que respiramos.

**Fuerza de Gravedad:** La gravedad es la fuerza que hace que los objetos se atraigan entre sí. Es lo que nos mantiene en el suelo y lo que hace que los planetas giren alrededor del sol. Cuanto más grande es un objeto, más fuerte es su gravedad.

**Inteligencia Artificial (IA):** Es un tipo de tecnología que permite a las máquinas aprender y tomar decisiones por sí mismas. Los sistemas de inteligencia artificial pueden realizar tareas que normalmente requieren inteligencia humana, como resolver problemas, aprender de la experiencia o reconocer patrones.

**Microorganismo:** Son seres vivos tan pequeños que no podemos verlos a simple vista. Algunos microorganismos, como las bacterias, son útiles para la vida humana, mientras que otros pueden causar enfermedades. Viven en casi todos los lugares de la Tierra.

**Molécula:** Una molécula es el grupo más pequeño de átomos que forman una sustancia. Las moléculas están presentes en todo lo que nos rodea, desde el aire que respiramos hasta el agua que bebemos.

**Neurona:** Las neuronas son células especiales que forman el sistema nervioso y que transmiten información en forma de señales eléctricas. Son las responsables de que podamos pensar, movernos y sentir.

**Radiación:** Es una forma de energía que viaja a través del espacio. Puede ser en forma de luz, calor o rayos invisibles, como los rayos X. Algunas radiaciones, como las del sol, son importantes para la vida, pero otras pueden ser peligrosas en grandes cantidades.

**Relatividad:** Es una teoría propuesta por Albert Einstein que cambió nuestra comprensión del tiempo, el espacio y la gravedad. La **relatividad especial** explica cómo el tiempo y el espacio pueden cambiar dependiendo de la velocidad a la que te muevas. La **relatividad general** explica cómo la gravedad afecta al tiempo y al espacio.

**Sistema Solar:** Es el sistema formado por el Sol y los objetos que giran a su alrededor, incluidos los planetas, lunas, asteroides y cometas. La Tierra es uno de los ocho planetas del sistema solar, que también incluye planetas como Marte, Júpiter y Saturno.

**Teoría:** Una teoría es una explicación científica basada en muchas observaciones y experimentos. Las teorías científicas están respaldadas por pruebas, pero siempre pueden ser revisadas si se encuentran nuevas evidencias. Ejemplos de teorías son: la teoría de la evolución y la teoría de la relatividad.